柴丽芳 著

广府裳音

——近现代广府服装服饰的符号学研究

2018 年广州市哲学社会科学规划课题

中国纺织出版社有限公司

内 容 提 要

本书在罗兰·巴特时尚符号学的基础上构建了适用于意象服装和实体服装的符号学体系，较清晰地梳理了近现代我国传统服装服饰和广府服装服饰的演变脉络，绘制了较为准确完整的近现代服装服饰款式结构图，同时对近现代服装服饰符号进行了图表汇总和规律分析。

本书适合从事服装服饰历史、传统文化、符号学研究的专业人员阅读和参考，同时，本书挖掘和梳理的近现代服装服饰现象与社会、文化、经济背景的对应关系对社会学研究也有一定的参考作用。

图书在版编目（CIP）数据

广府裳音：近现代广府服装服饰的符号学研究 / 柴丽芳著. -- 北京：中国纺织出版社有限公司，2020.6
ISBN 978-7-5180-7176-0

Ⅰ.①广… Ⅱ.①柴… Ⅲ.①服饰图案—历史—研究—广东—近现代 Ⅳ.① TS941.742.5

中国版本图书馆 CIP 数据核字（2020）第 032669 号

策划编辑：李春奕　　责任编辑：籍　博
责任校对：江思飞　　责任印制：王艳丽

中国纺织出版社有限公司出版发行
地址：北京市朝阳区百子湾东里 A407 号楼　邮政编码：100124
销售电话：010—67004422　传真：010—87155801
http://www.c-textilep.com
中国纺织出版社天猫旗舰店
官方微博 http://weibo.com/2119887771
三河市宏盛印务有限公司印刷　各地新华书店经销
2020 年 6 月第 1 版第 1 次印刷
开本：787×1192　1/16　印张：13
字数：200 千字　定价：69.80 元

广府文化既是一种地域文化，也是一种历史文化和时代文化。由于广府地区的地理位置与历史原因，广府文化一直呈现开放式、多元化、包容性的特点。特别是近现代以来，作为我国最早和世界接触、向世界开放的窗口，广府地区经济贸易活跃，各类人员流动频繁，形成了南越本土文化、内地主体文化和海外文化交融混杂的局面。

从服饰文化研究的角度看，广府地区的表层区域性服装服饰文化特征模糊，没有明晰可辨的单一性特点，难以开展研究。本书使用符号学的系统方法对其进行了研究分析，采用层级拆解的办法分解出服装服饰各级符号，探讨符号指向的意义，对近现代广府服装服饰符号的表象和意指进行归类、比较，总结出了一般性规律。在研究的过程中，以符码系统的信息为基础，分析广府地区对外来文化的取舍，最后形成了近现代广府服装服饰时尚符号更迭与整体特色风貌的结论。

本书的主要内容包括：

（一）服装服饰符号学系统

在罗兰·巴特"时尚符号学"（对书写服装的研究）的基础上，构建了适用于意象服装和实体服装的符号学层级和意指系统，将服装服饰符号体系分为属项、子项、类项、部件项和细节项，将各个层级的变化归纳为存在变化、合体变化、状态变化、量度变化和关系变化；同时，将符号所指的意义分为自然性表征和社会性表征两个属性，社会性表征又细分出秩序表征、文化表征和价值表征（包括经济价值、审美价值和时尚价值）。

（二）我国传统服装服饰符号系统

将服装服饰符号学的层级研究方法应用于我国传统服装，对传统服装进行了符号层级的切割，界定了子项和类项的定义，分析了中式服装部件项、细节项的结构特点；从存在变化、量度变化等方面分析了近现代中式服装的发展变化，区分了中西方服装服饰符号体系。

（三）广府服装服饰符号的世事指征背景

总结了广府近现代史上与服装服饰有关的世事背景，包括亚热带地理气候特征、水乡特色和港口文化、人口稠密、流动性大、经济发达、文化组成庞杂多元等；总结了近现代广府服装服饰的统一性特征，归纳为粤布文化、简装文化、跣屐文化和花饰文化。

（四）清代后期、民国、新中国成立后、改革开放后等各时期广府服装服饰符号与意指分析

将近现代分为清代后期（1840—1900年）、清末民初（1900—1920年）、民国中后期（1920—1949年）、新中国成立至改革开放前（1949—1978年）、改革开放至今等五个时期，采用文献法和图像法对每个历史时期的服装层级符号、符号表象特征、意象指征进行了详细分析；绘制了各个时期广府服装服饰的款式结构图，以结构图和表格的方式列举出符号库；以符号库的信息为依据，总结了各时期广府服装服饰的男装、女装、社会中上层、社会底层等不同性别、不同阶层的服饰情况和规律性现象。

（五）近现代广府多元服装服饰文化符号学总体分析

对近现代五个时期的服装服饰符号现象进行规律性的总结分析，从各符号层级的存在变化、量度变化、形态变化、面辅料变化、色彩图案变化等方面分析了广府服装服饰的变化情况，并对广府服饰的文化组成变化、社会各阶层受影响情况的分布变化等做了分析。最后，探讨了广府文化在服装服饰上体现的特征和审美趋向。

本书在罗兰·巴特"时尚符号学"的基础上构建了适用于意象服装和实体服装的符号学体系，较清晰地梳理了近现代我国传统服装服饰和广府服装服饰的变化脉络，绘制了较为准确完整的款式结构图，进行了图表汇总和规律分析。同时，本成果挖掘和梳理的近现代服装服饰现象与社会、文化、经济背景的对应关系对社会学研究也有一定的参考作用。

柴丽芳

2019年7月10日

CONTENTS

目录

第一章
服装服饰符号学系统

　　一件衣服，一辆汽车，一碟菜肴，一个姿态，一部电影，一曲音乐，一个广告形象，一件家具，一个报纸标题，这些看起来都是种类各异之物。它们之间共同的东西是什么呢？至少可以说：都是记号。现代人，城市人，都会花时间阅读。他首先阅读的是形象、姿态和行为：这部汽车告诉了我车主的社会地位，那件衣服非常准确地告诉了我衣服主人符合潮流和偏离潮流的程度……在符号学研究的开端，主要的任务是在社会生活的核心研究记号的生命，因此去重构对象的语义系统。

——罗兰·巴特《意义的调配》

第一节　符号学与服装服饰符号学

　　作为思想载体和交流媒介，符号广泛存在于认知世界。符号不仅仅是视觉传达领域中的字母、几何图形、简笔图画和公众场所的指示标记，也包括文字、艺术品、工艺品、日用品、建筑房屋等人造物和植物、动物、矿物、星空、日出、月圆等自然界的事物，它们都被人们赋予了意义，成为信息的载体。艺术符号论的提出者苏珊·朗格把符号活动视为人类最基本的智力和心灵活动，认为人类的说话、利益、艺术活动无一不是经过符号的转换活动。她认为："符号和意义形成了

人的世界……一切知识都可以通过符号得以体现。"❶

在众多关于符号的定义中，我国学者赵毅衡对符号的定义较为明确和清晰。他认为："符号是被认为携带意义的感知：意义必须用符号才能表达，符号的用途是表达意义。"❷按照这个定义标准，在人们的社会生活中，各个层面和各种活动都承载了大量符号。人们为了更好地生存而改造客观社会，在劳动时出现了人与自然、人与社会、人与自我之间沟通的大量信息，必须依靠符号来负载和传递这些信息。符号是表象的，符号与符号指向的事物之间存在的逻辑联系，就是符号的意义。

符号学（Semiotics）最早是在20世纪初由瑞士语言学家费尔迪南·德·索绪尔（Ferdinand de Saussure）和美国哲学家和实用主义哲学创始人查尔斯·桑德斯·皮尔士（Charles Sanders Peirce）提出的。大约从21世纪60年代开始，符号学获得学术关注，符号学理论在各个领域的应用研究蓬勃发展，形成了部门符号学。例如，以语言符号为研究对象的语言符号学，以动物符号为研究对象的动物符号学，以文字符号为研究对象的文字符号学，以艺术符号为研究对象的艺术符号学，以体态符号为研究对象的体态符号学等。❸直到今天仍然有很多领域未被全力开垦，有待发掘。

关于这一点，罗兰·巴特在《物体语义学》中阐述到："实际上没有任何物体没有目的。当然有的物体以无用的饰物形式存在，但是这些饰物永远具有一种美学的目的。我想指出的矛盾是，这些原则上永远具有功能、用途、目的的物体，我们以为只是将其经验做纯粹的工具，而在现实中它们还连带着其他东西，它们也是某种其他的东西：它们起着意义载体的作用。换言之，物体有效地被用作某种目的，但它也用作交流信息。"❹

产生符号的过程是逻辑性的，每一个符号都有其起源和含义，符号与符号之间、符号与自然、社会和人类之间，紧密相关。赵毅衡认为符号学"是关于意义活动的学说"，没有意义可以不用符号表达，也没有不表达意义的符号。因此，符号学也可以在一定程度上解释为"意义学"。在漫长复杂的社会历史更迭中，符号意义的逻辑纽带渐被遗忘；还有一些由于过分熟识而成为意识本能，呈现为社会规范、社会风尚。研究符号，就是研究符号代表的意义，用系统学、归类学的方法，了解和掌握符号的规律，更清晰地认识社会。

作为人体与外界之间的标志性界限，服装本身就是一个符号，它反映了人类智

❶ Susanne K. Langer. The Practice of Philosophy [M]. New York: Henry Holt & Co, 1930: 165.

❷ 赵毅衡. 重新定义符号与符号学 [J]. 国际新闻界, 2013, 35 (6): 6-14.

❸ 彭漪涟. 逻辑学大辞典 [M]. 上海：上海辞书出版社, 2004: 450.

❹ 蓝江. 从自然物到思辨实在论——当代欧洲对象理论的演进 [J]. 社会科学家, 2018 (10): 18-25.

慧的觉醒，并一直伴随着人类社会的进步而发展变化。"衣服作为皮肤的延伸，既可以被视为一种热量控制机制，又可以被看作是社会生活中自我界定的手段。"❶ "穿衣服是对自己在公开场合形象的构思和演绎，一个人选择的衣服会直接暴露他在人际关系上的品味，以及他与社会保持距离的尺度……无论如何，服装必然会体现穿衣者的社会意识，或者穿衣者对他人眼中的自己的定位。"❷ 可以说，一个人的服装和仪态是个人社会等级、经济状况、审美情趣、教育背景的外部投影；一个社会的服饰风貌是这个社会自然资源、环境气候、历史背景、工艺技术水平、艺术和文明程度的缩影。不同历史时期的服装服饰体现了社会规范和等级制度，服装服饰的色彩、面料、图案等也可拆解成不同的符号，这些符号组合在一起，用服饰语言叙述着社会文化秩序。从距今1.9万年的山顶洞人使用骨针，以兽皮为原料缝制服装，并穿戴石、骨、贝、牙装饰品，到现代社会服装时尚更迭换代，可以说服饰是人类适应自然和社会的第一产物，一部服饰发展史映射着整个社会文明发展史。

　　研究服装的意义的科学，被称为服装服饰符号学。符号学最早用于语言的研究，而服饰的搭配和表达常被认为是一种语言。每一个区域、民族和社会时期的服饰风貌，以及每一款具体的服饰本身，都可视作一个符号代码系统。从整体的廓型，到领型、袖型，再到纽扣、装饰，都映射着社会规范和秩序，也蕴含着穿着者的身份认同和自我表达。梁实秋在《关于衣裳》一文中引用莎士比亚的话说："衣裳常常显示人品。"又说："如果我们沉默不语，我们的衣裳与体态也会泄露我们过去的经历。"服装服饰的符号学研究，就是研究服装服饰的每一个款式符号的意义，并对服饰符号体系的整体语义进行系统分析。服装服饰符号的作用机制如图1-1所示。

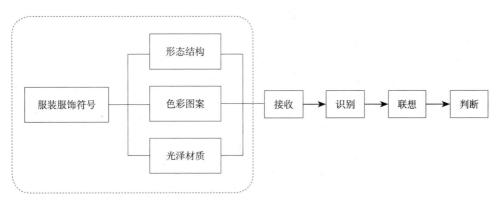

图1-1　服装服饰符号的作用机制

　　服装服饰体系庞大复杂，它不仅是个体特质的外化表现，也是群体的沟通语言

❶ 马歇尔·麦克卢汉. 理解媒介——论人的延伸［M］. 何道宽，译. 南京：译林出版社，2011：159.
❷ 鹫田清一. 衣的现象学［M］. 曹逸冰，译. 北京：新星出版社，2018：119.

和社会的规范手段。如何界定服装服饰形制的结构和层次，分离出合理的服装符号，是服装符号学的难点。具体而言，服装是一个连续体，构件之间有内在规约的联系性，同时，服装的所指意义往往也不像语言字符一样，有明确的指示对象，因此，服装服饰的意义其实是模糊的，非客观性的。林志明为罗兰·巴特《流行体系》撰写的前言中说"这个难题在所有外于语言的符号体系里普遍存在"。如何寻找到恰当的符征分离方法，将服装作为一个研究整体合理地拆解和重构，是服装符号学理论研究必须首先解决的问题。

罗兰·巴特的著作《流行体系》是唯一一部，也是极为重要的关于服装符号学的著作。《流行体系》虽然在服装符号的所指意义界定上遇到了困难，认为所指意义很难明确，所以在研究方法上另辟蹊径，选择了时装杂志的文字语言描述，仍然从语言学的角度进行研究，并且将关注点放在时尚流行的服饰语言符号分析上，但是书的主要内容还是对服装结构进行多层次、系统性的科学拆解和构建，同时对服装的修辞系统如何发挥作用做了探讨。

罗兰·巴特是作家、社会学家和思想家，不是服装研究者，但他从语言结构学的角度对服装符码进行的拆解是符合服装产品结构规律的，不但与服装设计和结构研究的普遍方法不谋而合，而且在系统性的水平上有所提升。

《流行体系》的主要贡献在于分离出了服装符码（能指）多层次的逻辑和层叠关系，而在符码的意指（所指）作用上，以流行杂志的文字研究代替服装实体研究，对如何界定服装符号的所指做了初步探索。例如，作者分析杂志的书写语言，认为服装符号的所指有时指向目的（杂志语句"这些鞋子是为走路而做的"，能指：鞋子，所指：走路），有时指向人们的审美情绪（杂志语句"这顶帽子显得青春朝气，因为它露出了前额"，能指：露出前额的帽子，所指：青春朝气），有时指向季节（杂志语句"装饰附件意示着春天"，能指：装饰附件，所指：春天）。他认为服装的意指作用是"服装与世事的关系"，这种关系可能是一种功能或用途，或一种价值。❶

同时，他提出，服装的意指作用不仅限于这张深度层次的"服装与世事的关系"，也体现为广度层次的"服装符号之间的相互关系"，后者在同一时期时尚流行现象上尤为重要，此时服装符号指向"世事"的功能虽然并不明显，但它与其他符号之间的相互关联和作用形成了服装，它的意义体现在这张关联关系网上，也体现在它与可替代的同等符号之间的交叠更换上。

然而，由于服装服饰的款式体系过于庞大多变，罗兰·巴特的《流行体系》仅以例证的方法建立了服装符码系统的结构，且以时尚杂志的书写语言为研究对象，

❶ 罗兰·巴特. 流行体系［M］. 敖军，译. 上海：上海人民出版社，2011：17–21.

并没有形成完整详尽的符码系统和符号库，也没有开展对服装服饰所处的社会制度、文化背景、群体和个体心理等更深层次所指领域的实质性研究。同时，这本书的语境背景是现代西方时尚，几乎无法将其直接用于分析我国传统服装服饰。因此，本章将以罗兰·巴特的服装符码系统为参考，在其理论基础上进行取舍，建立适合本书研究使用的符号系统。

第二节　服装服饰的符码分解与系统结构

一、服装服饰的基本意指结构

当我们看到一件衣服的时候，实际上是在对衣服上的款式信息进行叠加和解读。衣服的色彩（颜色、图案、光泽、质地）、廓型（宽窄、长短、轮廓线条）、领型、袖型、内部结构、配件等所有要素组合在一起，共同叙述这件服装的语义，可称之为意指母体。罗兰·巴特将服装的意指母体拆解为对象物、支撑物和变项。他在书中举例（≡为意指符号）：

长袖羊毛开衫·领子·敞开≡轻松随意
长袖羊毛开衫·领子·闭合≡庄重正式
↓　　　　↓　　　　↓　　　　↓
对象物·支撑物·变项≡意指（所指）

其中，长袖羊毛开衫为意指结构中的对象物，领子为意指作用的支撑物，而领子的敞开或闭合状态决定了所指的意象是轻松随意，还是庄重正式，因此领子的开合状态为变项。

再以衬衫为例，同样颜色与面料的女衬衫，采用相同的裁剪比例和款式细节，然而如果两款衬衫廓型不同、内部结构不同，意指也不同。

衬衫·领子·有衬分体翻领≡正装衬衫
衬衫·领子·无衬连体翻领≡休闲衬衫

如果限定符号为分体式翻领衬衫，而将中间项换成面料，则此时对象物还是衬衫，支撑物变成了面料，面料的区别是变项，所指意义随着面料的差异变为：

分体式翻领衬衫·面料·白色纯棉≡正式庄重
分体式翻领衬衫·面料·蓝色牛仔布≡休闲耐穿

此处的意指是从审美观感的价值角度出发的。服装服饰还有另外的意指意义，如指向世事意义的意指，或时尚观感的意指，或国家文化的意指等。黑塞在小说

《纳尔齐斯和歌尔德蒙》里说："一个人穿着草鞋，那他就是农民；另一个人带着王冠，那他就是国王。"鲁迅先生在《论洋服的没落》中说到，五四运动以后，北大学生投票选学生制服，在洋装与长袍中，选择了长袍，在这个事件中，洋装与长袍代表着不同的国家和文化立场。这些事例说明了服饰符号的世事意义指征。

草鞋 ≡ 农民

王冠 ≡ 国王

洋装 ≡ 西方国家和文化

长袍马褂 ≡ 中国和民族文化

二、服装服饰符号的拆解

服装服饰的语义是由一个一个的符号共同作用而产生的。符号如同字母一样，彼此用不同形式连接，产生不同的服装语句。符号与符号搭配，形成小的意指单元；单元与单元搭配，形成大的意指部件；不同的部件组合，形成服装和饰品。因此，服装服饰的符号体系实际上是一个层叠关系。按照服装结构的传统模块化拆解方法，可以分列出以下层次（表1-1）。

表1-1　服装结构的传统模块化拆解方法

大类	小类	款式	部件	部件细节	特征
上衣	背心、衬衫、外套、西装、连衣裙	吊带背心、抹胸、T恤、正装衬衫、休闲衬衫、卫衣、马甲、旗袍、衬衫连衣裙、正式西装、礼服西装、布雷泽上衣	领子、袖子、衣身、口袋	领口、领高、领宽、领深、袖窿、袖山、袖长、袖口、衣长、下摆	有领、无领，高领、低领，长袖、短袖、无袖，短款、长款、超长款，修身、合体、宽松
下装	裙子、裤子、连体裙、连体裤	喇叭裙、铅笔裙、马面裙、背带裙、西装裤、牛仔裤、百慕大短裤、自行车裤	腰头、裙身、裤腿、口袋	裙长、裤长、裙摆、裤口、腰位、裆位	超短、短、长、超长，修身、合体、宽松，高腰、中腰、低腰
配饰	帽子、头饰、耳饰、颈饰、箱包、鞋靴	—	帽身、帽檐、鞋帮、鞋底、鞋带、鞋跟	帽高、帽檐外口线、鞋口、鞋跟高	宽沿、窄沿，高帮、低帮，高跟、低跟

除了服装服饰的款式结构以外，服装的面料（服饰品的材料）、色彩、图案等也是重要的服装符号。以传统的服装设计元素拆解划分方法为基础，结合罗兰·巴特在《流行体系》中提出的服装符号层次分割方法，本书将服装服饰符号体系划分为以下层次（图1-2）。

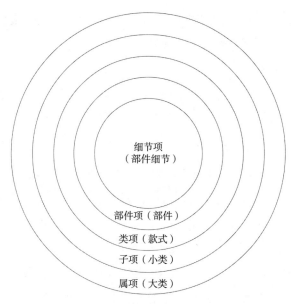

细节项
（部件细节）

部件项（部件）

类项（款式）

子项（小类）

属项（大类）

图 1-2　服装服饰符号系统的层级结构

三、服装服饰符号的层级结构

（一）属项

属项是服装服饰的大类别分组。按照服装覆盖的人体区域和服装服饰的主体结构，可分为上衣、下装和配饰三大属项。

上衣是以覆盖上部躯干为主要目的的服装，覆盖部位包括颈、肩、胸、手臂等。上衣可长可短，最短的仅覆盖颈部、肩部，如假领、云肩；长的上衣可长及地面，如斗篷、婚纱等。

下装是以覆盖下部躯干为主要目的的服装，覆盖部位包括腰、臀、腿和足部。有一些服装盖过上部躯干，如背带裙、背带裤、连体裤，但其主要作用体现在裙和裤上，因此归为下装。

如按照穿着的内外层次，服装还可划分为外衣和内衣。内衣产品不少，虽然与外衣的功能结构有很大不同，但从结构上看，同样可将各种内衣分别划归上衣、下装属项。

属项的界定是服装符号体系的基础层次界定。在常见的服装款式种类中，有的种类之间互不相容，没有从属、交叠或替代的关系，比如"衬衫"和"鞋子"；有的种类则由于在人体同样的部位穿着，有时是可以彼此替代的，它们的结构形态有共同之处，如"衬衫""T恤""西服上衣""大衣"，均可分解出前后衣身、领子、袖子等。因此，在结构上有共同形制的衣服，可列为一个"属项"，如衬衫、T恤、大衣等归为"上衣"。属项的分组方法以结构为着眼点，便于对层出不穷的服装品种进行归类，避免以重复的方法研究相似结构的类项。比如古代的袍和现代的连衣裙，虽然长度过臀，甚至达到地面，但关键结构仍属于上衣，仅在衣长上有变化，所以仍归于"上衣"的属项。

从历史上看，大多数国家和地区古代的服装都是仅以上装为外衣的一件式着装，特别是在礼仪社交场合，一件式的衫、袍、裙等线条流畅、体量大、廓型整洁，更富有仪式感。在现代，也有一些亚非文化保留了一件式衫袍的传统。然而从人体工学的角度看，以腰为界，上身和下身的运动幅度和运动方向存在着明显的差异，一件式衫袍的运动功能性不佳，因此劳动人民的服装多是上下分开的两件。上下身分开的服制符号往往代表着运动（劳动），又可引申出平民、家居的所指意义；长袍则往往是悠闲的上层阶级、脑力劳动者的服装和礼仪场合服装。

配饰属项包括帽巾、饰品、鞋袜。其中帽巾与鞋袜是包裹覆盖人体的头部和足部的服饰，具有功能性和装饰性的双重作用；饰品包括头饰、耳饰、颈饰、腕饰、手饰以及挂饰等，以装饰为主要目的。配饰是服装属项的非必要属项，是穿着主体的身份地位、经济状况、生活状态的主要符号之一。

（二）子项

在现代服装中，上衣属项可分出背心、衬衫、毛衣、外套、连衣裙等子项；在下装属项中，可分出裤子、裙子、连体裤和背带裙等子项；在配饰属项中，可分出帽、巾帕、头饰、耳饰、腕饰、手饰、颈饰、挂饰、鞋履等子项。

子项是具有特定款式符号集合和意指作用的服装集合体。如背心是以遮蔽躯干部位为主要目的的服装集合体；毛衣是以毛织物为材料的服装集合体；外套是以防风保暖为主要目的的服装集合体；连衣裙是覆盖躯干部位且具有一定长度的服装集合体。虽然新的面料、颜色、图案和款式不断更迭，但背心、外套、连衣裙等服装的子项基本固定下来，并随着时尚史的发展不断被填充，集合体不断壮大。

子项的符号和意指作用随着年代而改变，也是不稳定的。以衬衫为例，衬衫的原始功能为衬垫外衣，使外衣与人体隔开，便于洗换，是内衣符号，具有私密、居家的所指含义，是不允许出现在正式礼仪场合的服装，而现代衬衫的款式符号和语义都出现了进化的现象。随着现代服装分类边界被打破，衬衫现在成为春秋季的外穿衣物，审美和时尚的价值因素在衬衫设计中所占的比例越来越大。

衬衫·传统≡内衣

衬衫·现代≡内衣、外衣

但就衬衫本身包含的符号群组而言，仍具有一定的识别度和稳定性。无论款式怎样变化，当人们将一件服装识别为衬衫时，其实是在服装上辨别出了几个属于衬衫的常见符号。有的衬衫符号独一性很强，基本上仅属于衬衫所有，有的符号识别性较弱，在其他种类服装上也会出现。通过识别这些符号，人们将现代衬衫款式归纳为正式传统的语义、休闲的语义或时尚的语义。常见的现代衬衫符号包括：

（1）领型：衬衫的领型包括翻领、立领、扁领，以及非常少量的无领和翻驳领，其中翻领结构是衬衫款式最大的符号特征。

（2）袖型：分为长袖、中长袖和短袖，长袖的袖衩和袖头结构是衬衫款式的典型特征。

（3）衣身：长度常见及臀围线位置附近，胸前贴袋和肩部育克为衬衫的常见符号。

（4）面料：最典型的面料为精梳全棉布和涤棉布，质地轻、薄、软、爽、挺。

符号与语义之间有强联系和弱联系的区别。上述符号有一些与衬衫关联性很强，如面料中的"的确良"，基本上专属衬衫。另一些符号则需要彼此叠加加强语义，如翻领结构虽然最常在衬衫上出现，但也见于牛仔外套、POLO衫等品项上。但是翻领与精梳纯棉布的叠加，就基本可确定归为衬衫子项了。如图1-3所示的衬衫款式是现代衬衫的常见符号群组。

图1-3 现代衬衫的常见符号群组

作为符号的群组，子项包含的符号群有交集的部分，当某一个或某一些关键符号发生改变的时候，子项之间就会出现相互转化的现象。衬衫加长，成为衬衫裙；T恤去掉袖子而变成背心；单外套夹棉而变为棉服……子项之间的界限并不严格，改一处而成为服装新品种一直是惯用的设计方法。

（三）类项

从服装符号的意指结构可以看出，服装意指作用的对象物往往是单个服装实体，又称品项或服装单款。这些服装单体是设计、生产、制作和销售的实体，有独立完整的生命周期，包含了一定的符号编码规则，具有较明确的意指含义，是在人们的意识中形成服装意指作用的直接对象物，称为类项。很多服装类项具有合理的款式结构和良好的审美价值，因而在时尚进化的过程中沉积下来，成为人们熟知的"经典款"。这些类项不仅具备属于自己的专有名称，而且在子项的基础品种符号上，加入了更多的款式符号，具有更加丰富、具体、细微的特征符号群（图1-4、表1-2）。

类项层级包含的内容非常广泛，不同的时代、地区和文化服装类项集合的内容各不相同，因此类项与世事之间有着明确的符号所指关系，如中山装与近现代中国的关联关系、纱丽与印度文化的关联关系等。

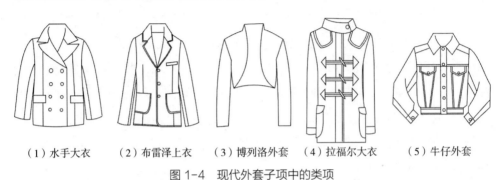

（1）水手大衣　　　（2）布雷泽上衣　　　（3）博列洛外套　　　（4）拉福尔大衣　　　（5）牛仔外套

图1-4　现代外套子项中的类项

表1-2　具有专有名称的现代服装类项的符号群

序号	服装类项名称	符号群
1	水手大衣	厚毛呢面料、短款、H廓型、戗驳领、双排扣、衣身纵向分割线
2	布雷泽上衣	H廓型、平驳领、圆底摆、金属扣、明贴袋
3	博列洛外套	短至腰围以上，前门襟呈大圆弧状，无扣
4	拉福尔大衣	厚毛呢面料、中长款、H廓型、绳带扣、牛角扣、贴袋
5	牛仔外套	牛仔面料、翻领、肩育克、有袖头，前身有一条横向分割线和两条纵向分割线，有前胸袋

一些类项在子项的归属问题上，存在一定的模糊性。这与服装的符号和语义秩序在近现代越来越被打乱有很大关系。比如衬衫在传统上是独立于外套的，有自己的穿用特征。但近年来有许多外套、甚至棉衣采用衬衫的款式。这些衬衫类项按照款式符号特征则应该归入衬衫子项，但按照用途应该归入外套子项。这就存在服装类项的主体功能和次要功能的甄别问题，衬衫款式的棉衣主体功能是保暖，次要功能是审美时尚，因此更适合归入外套子项。

服装时尚变化的广度、幅度和频率，反映了社会的稳定度和自由度。在自由度小的时代，时尚变化往往仅在细节上体现，部件的变化微小，而类项层面基本是稳定的。相反，在自由的时代，类项层面的变化将比较大，表现为类项之间的界限被打破，规则被破坏，服装服饰形式多样。正如法国史学大师布罗代尔所说："如果社

会处于稳定停滞的状态，那么服饰的变革也不会太大，唯有整个社会秩序急速变动时，穿着才会发生变化。"❶

（四）部件项

对应不同部位的人体，服装类项可划分出不同的部位，可称为部件项。如上衣的部件包括前身、后身、领子、袖子（图1-5）；裤子的部件包括前身、后身。前身和后身等衣身部件上会出现分割线，将衣身分割为衣片，但这些衣片在部件项的层级上，都属于前身和后身。

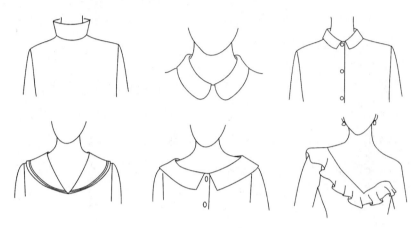

图1-5　领子部件

部件项的界限不是绝对的。普通情况下部件单独裁剪，与其他部件是缝合的关系，以缝合线作为界限。然而相邻部件的界限有时是模糊的，例如，无领的领型，领口的形状实际上是衣身在颈部的轮廓线，但在视觉上属于领子部位；再如清末的马褂，领口至右衽的镶边在视觉上与领子是一个整体，无法分割。相反，虽然马褂的袖子与衣身在裁剪时为一体，但袖子部位可以独立出来分析（图1-6）。

领子、袖子和口袋的典型结构名称如下：

（1）领子：无领（由于我国传统的服装常为圆形无领，因此又称为"圆领"）、立领（广州称为企领）、扁领、翻领、翻驳领（翻驳领包括平驳领、戗驳领、青果领）。

（2）袖子：连身袖、装袖、插肩袖。

（3）口袋：嵌线口袋（单嵌线口袋、双嵌线口袋）、贴袋、带袋盖口袋。

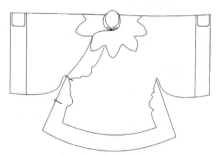

图1-6　中式袍褂的衣身与袖子部件连为一体，属于连身袖

---

❶ 王洪斌. 18世纪英国服饰消费与社会变迁［J］. 世界历史，2016（6）：15-29.

（五）细节项

每一个部件都可继续拆分出独立的最小要素，称为细节项。这些要素包括轮廓上的点、线和整体面，内部的点、线和分割面，以及每个分割面的面料和色彩图案等。正是这些细节项的不同形式和不同组合，决定了服装的部件款式不同，也决定了服装整体款式的差异。因此，可以认为细节项是服装的字符，不同的字符排列组合，形成了服装的短语——部件，和完整语句——服装整体外观。

仍以领子为例，领子的细节项在外观上可拆分出上下左右的轮廓线和领口线，领子的高度和宽松度，轮廓线的线条走向等。

细节项可以细分为以下的组成项：

1. 点

（1）轮廓点：部件上的轮廓点是指部件在空间和结构上的边缘点，特别是端点、转折点等（图1-7）。部件上的轮廓点与人体和其他部件的相对位置有时对服装的风格语义有决定性的作用（图1-8）。中式服装的轮廓点少而模糊，肥大而宽松；西式服装的轮廓点多而清晰，贴合人体，体现了中西哲学观念在服装理念上对人体轮廓抑扬的差异。

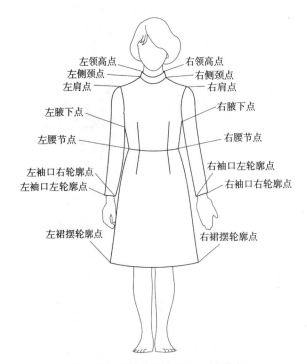

图 1-7　服装的细节项——轮廓点

图 1-8　服装肩点的符号语义

调向人体外侧的肩点使肩部加宽，而宽肩是男性人体符号，服装呈现男性阳刚有力的风格；向下调的肩点增加肩线的视觉倾斜度，向下倾斜的服装线条放松柔和，力量感弱，这个位置的肩点设计在休闲服装上常被使用。下斜的肩点是2010年代的典型符号。

从整体来看，轮廓点少而清晰的服装风格简洁；轮廓点少而模糊的服装低调中庸；轮廓点多而清晰的服装仪式感较强。如西装上衣，仅翻驳领的正面就有左右对称的十余个轮廓点（图1-9）。

图 1-9　翻驳领的轮廓点多而富有仪式感

还有一些轮廓点，如无领领型中的 V 字领，领子前中心点的高低，直接决定了整件服装颈胸部的裸露程度，从而增强或减弱服装的性感或开放语义。

（2）内部点：内部点是在部件内部独立出现的点状、块状或小区域元素，如服饰的点状图案、花饰、金属、纽扣、珠钻饰等。点的大小、位置、动向、连续、重叠等构成手法，形成各种装饰、情感、气质。

点是不稳定的，点的意指作用是跳跃、牵引或强调，以"点"为主要设计要素的服装是活泼的、动态的、丰富的。

耳环、手镯、戒指、头饰等服饰配件体积较小，在服饰外貌中也以"点"的形式出现，在色彩、光泽、质感和面积比例上提高整体服饰的丰富性，提升服饰美感。

2. 线

（1）轮廓线：轮廓点彼此连接，成为轮廓线（图1-10）。轮廓点包含在轮廓线中，因此轮廓线的语义也受轮廓点的影响。几何意义上的线条有长度、角度和形状属性，视觉意义上的线条除了长度和形态外，还有粗细、线型的区别。而服装上的轮廓线除了上述的要素，还可分离出两个属性：在服装上的相对位置，以及与人体的相对关系。

线条符号的意指作用是人对自然界的认知在长期的历史中形成的共识。以线条的形状为例，直线是简洁、有力、阳刚的，曲线是丰富、柔和、跃

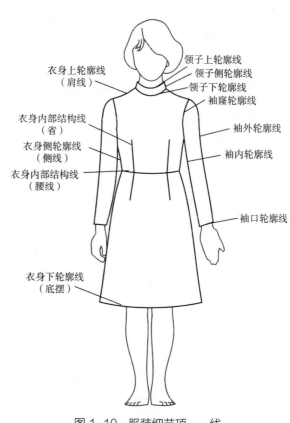

衣身上轮廓线（肩线）
领子上轮廓线
领子侧轮廓线
领子下轮廓线
袖窿轮廓线
衣身内部结构线（省）
袖外轮廓线
衣身侧轮廓线（侧线）
袖内轮廓线
衣身内部结构线（腰线）
袖口轮廓线
衣身下轮廓线（底摆）

图 1-10　服装细节项——线

动的。因此，男装的轮廓线通常偏近于直线，
而女装的轮廓线常表现为曲线。反之，接近
于直线的轮廓线表达出男性的气质，而曲线
的曲度越大，则越呈现出阴柔的风格。这种
表达与男性及女性的体表形态有直接关系，
直线和曲线对应服装结构的功能也对应不同
性别的社会职能。挑战性别符号的服装常将
女装轮廓线拉直，或增加男装轮廓线曲度，
来呈现中性风格（图1-11）。

图1-11 轮廓线的曲度呈现不同的语义

再如线条的角度。在服装的审视经验中，
横平竖直的服装廓型使人的外表看起来更具
力量感。从这个意义上说，平直肩线的意指为正式、礼仪。因此在服装的廓型处理
上，虽然人体肩部或多或少有一定的肩斜度，但在正式服装中，肩线常使用肩垫垫
高肩部，使肩线呈现出水平的状态。

同时，男性的肩斜度比女性小，因此平直的肩线也被认为是男性化的，是男性
化女装风格的主要符号之一。

（2）结构线：轮廓线决定了服装的基调，结构线是服装的故事内容。结构线的
设置决定了服装的全维度廓型，同时结构线碰撞观者的视线，决定服装的观感和审
美价值。因此，结构线既有功能性的所指意义，也有装饰性的意义。它们既可单独
在服装结构中起作用，也可以组合，形成节奏，达到塑型、强调和美化的目的。

服装的结构线形式有省、分割线、褶皱线和装饰线，分别有着侧重点不同的功
能性和装饰性（图1-12、表1-3）。

图1-12 服装内部结构线的形式与组合表达

表1-3　结构线符号的所指意义

序号	符号名称	主要所指意义
1	省	功能意义：塑型 审美意义：简洁、直接、实用
2	分割线	功能意义：塑型、拼接、装饰 审美意义：简洁、流畅、美观
3	褶裥	功能意义：塑型、装饰 审美意义：活泼、丰富、浪漫、女性

　　结构线还可继续细分。分割线有结构分割线和装饰分割线之分，偏重的功能性不同，决定了其所在的位置与形状不同；不同的褶裥形态呈现不同的外观，形成不同的语义（图1-13、表1-4）。

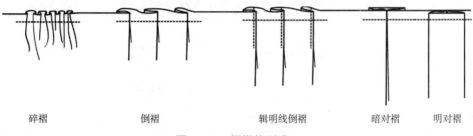

| 碎褶 | 倒褶 | 辑明线倒褶 | 暗对褶　明对褶 |

图 1-13　褶裥的形式

表1-4　褶裥符号的所指意义

序号	褶裥名称	所指
1	碎褶	丰富、活泼、自由、浪漫
2	倒褶	有一定自由度的秩序感
3	辑明线倒褶	明线强化了秩序感，塑型作用更强
4	暗对褶、明对褶	隐藏、低调、功能、工整

　　省和具有功能性的分割线是西式裁剪的技术符号，中式服装采用的是平面裁剪的方法，是否具有立体结构是中西方服装结构的本质区别。

　　3. 面

　　服装的外轮廓线组成服装的廓型，以面（衣片）的形式进入他人视觉，面的大小代表了服装的体积，面的形状代表了服装的风格和气质。廓型是时尚潮流的重要变化要素。常见的服装廓型有A、H、X、V型等。每一种廓型在人体各个部位与人体的贴合程度不同，穿着的机能和对人体强调的部位不同，形成不同的审美观感，具有不同的意指含义（图1-14、表1-5）。

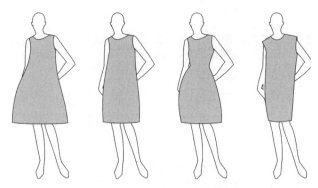

图 1-14　服装细节项"面"之廓型

表 1-5　廓型的所指意义

序号	廓型	特点	意指分析
1	A	上部合体，底摆敞开	有平衡感，活动性好，舒适、飘逸
2	H	上部、中部、底摆围度差量较小	中庸、中性、正统、有秩序感
3	X	中部收紧，底摆敞开，侧面呈现明显的 S 形曲线	强调人体曲线，性感、刻意、外向
4	V	上部较宽，中部、底摆贴合人体	力量感强、男性化

　　部件的轮廓线组合形成一定的形状和比例关系，这种比例关系直接决定了服饰部件的合体程度、运动程度和形态，形成了款式。服装的款式是由部件的款式组合而成的，而款式的差别绝大部分取决于部件的形状与面积（图1-15、图1-16）。

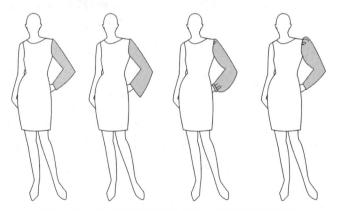

图 1-15　袖子的轮廓线组成面，形成不同的袖型

图 1-16　裙子的轮廓线组成面，形成不同的裙型

4. 色彩图案

色彩是第一视觉要素。在服装服饰视觉传达的过程中，色彩、款式和面料被称为三大要素。色彩及图案的语义学非常博大，在此不多赘述。服装服饰色彩对于任何地区、国家、民族、群体和个人来说，都不仅仅是单纯色彩审美的问题，而是指向环境、阶层、等级、财富、风俗、场合、性别、婚姻、年龄与性格的符号。

5. 面料

面料即服装材料，其重要程度与款式符号相当。服装材料受限于地理气候、资源供应和生产力发展水平，具有直接的地区和时代含义。同时，服装材料具有穿用舒适性和经济价值的属性，与人们的社会阶层、身份地位紧密连接。服装材料的光泽、质地和各种物理属性对一个时代的整体风貌也有着非常重要的影响。比如1940年代涤纶面料被发明后，抗皱的性能和挺括的外观使人们深觉新奇，在一段时间内是高档面料的象征。我国改革开放初期大量进口了化纤设备生产涤纶，因物美价廉，涤纶布料、衬衫、裙子、裤子等又在20世纪70—80年代受到了大众的广泛欢迎。由于涤纶在美国被称为"达克纶"，当它在香港市场上出现时，人们根据广东话把它译为"的确良"。"的确良"服饰是我国改革开放初期的标志性符号之一。

6. 工艺

新技术和创新的工艺处理方法也作为技术符号标志，指向服装的时代背景。有一些技术细节是内含的，如里料、衬料和缝合工艺处理等，决定了服装的舒适性和档次。

服装细节的外观与实际内部结构有时存在差别。有的服装细节结构出于支撑、衬垫、舒适等目的，藏在内部，在外观上没有显现，但外观的形态依赖这些内部结构。因此，对服装细节项的研究，应当将服装的视觉效果与服装的内部结构结合起来，全面分析。例如，图中的领子，虽然在视觉上只看得到领面，但领面之所以能斜立于肩部，是由于内层的领座支撑而起。而领座与领面之间是否有分割线，也决定了领子的形态和工艺，从而决定领子语义的正式和端庄程度（图1-17）。

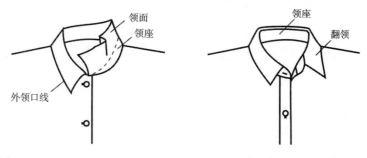

图1-17　衬衫的隐蔽结构（左图为连体式翻领，属于休闲领型符号；右图为分体式翻领，属于正装领型符号）

服装结构与工艺决定了服装的外观，反映了社会的生产技术水平，与服装材料的发展水平也有很大的关系。时尚发展需要科学技术的支撑，科学技术赋予时尚新的动力和源泉，因此，时尚与科学、技术工艺往往同步发展，相互促进。在生产力发展缓慢的时代，时尚的变化也缓慢而有限；生产力迅猛发展的时代，时尚发展也格外涌动活跃。

四、各层级符号的变化分析

服装服饰的各层级发生的主要是状态或属性的变化，特别是部件项和细节项的变化。根据变化的性质，可以分为存在变化、质感变化、量度变化和关系变化。

（一）存在变化

存在变化是指属项、类项、部件项有／没有的变化属性。如有领／无领、有袖／无袖、有褶／无褶、有口袋／无口袋、有袋盖／无袋盖……部件项有／无的影响大于细节项，在很多时代，部件项从有到无的过程，变革是巨大的，会经过一段量变铺垫的过程。

（二）质感变化

服装服饰材料的视觉效果和触感被称为质感，质感通常是由这些材料的重量、柔软度、表面肌理、光泽和透明度等多重因素组成的。质感变化取决于材料本身的品质和织造手段，指向舒适／不舒适、高档／大众／低档、精巧／粗糙、保守／开放等意指含义，标志着穿着主体的身份、阶层与审美趣味。普遍来说，人们对质感的判断有一定的趋同性。材料的性能、稀缺性和价格影响了人们对其价值和审美程度的判断。在过去，客观条件限制了人们的选择，也限制了人们的判断。到了现代，在商品供应极其丰富的背景下，人们对质感审美的表达才回归到本身的意愿中。例如，现代大部分人愿意选择穿用柔软轻薄，光泽柔和的面料，而在非常正式重要的场合，又会通过硬、厚、重的面料表达自己庄重严肃的态度。罗兰·巴特在《流行体系》中写道："作为身体的替代形式，服装利用它的重量，融入人类的主要梦想……仪式服装总是凝重的，权威的主题就是僵硬，是垂死。为欢庆婚礼、诞生及生活的服装总是轻薄飘逸的。"

质感变化又可细分为重量变化、柔软度变化、肌理变化、光泽变化、透明度变化等子变项（图1-18）。

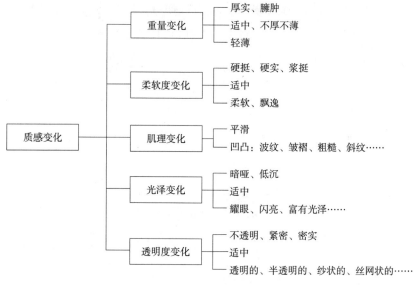

图 1-18　质感变化的组成

（三）形态变化

形态变化是指服装服饰类项、部件项或细节项的形状、合体程度及状态包含的可能性变化，可细分为形状变化（直的、圆的、尖的、方形的、锥形的……），合体变化（紧身、合体、半合体、宽松、肥大……），状态变化（拱起、翘起、平伏、下垂……）（图1-19）。

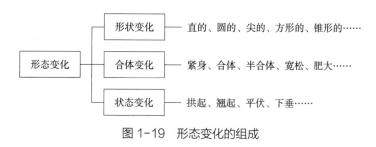

图 1-19　形态变化的组成

1. 形状变化

服装服饰的外轮廓线构成服装的大形状，部件和细节项的轮廓线构成各自的小形状，成为区分不同款式的主要因素。人体形状是人的自然形状，服装形状是人的社会形状。服装形状可大可小，可刚可柔，靠服装线条组成的形状来塑造和传达。人们对服装形态的感知和情绪判断多基于经验和联想，同时也符合线条情感的一般规律。比如：

直的、尖的、方的≡正式、阳刚、敏锐
圆的≡优雅、柔和、女性
倾斜度大的线条≡放松、随便、装饰
波浪形的线条（如裙摆、荷叶领等）≡浪漫、活泼……

以衬衫领角为例，标准领中规中矩，小方领干练机敏，长尖领严肃持重，圆角领优雅柔和。在变化相对稳定的衬衫上，仅领角的线条变化就能决定衬衫的气质风格和穿着场合（图1-20）。

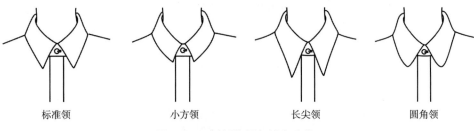

图 1-20 衬衫的领角线条变化

2. 合体变化

不同形状的线条符号本身传达着不同的含义。对于服装线条来说，由于依附于人体而存在，因此服装的线条不仅包含着线条本身的意义，也包含着线条与人体之间的远近关系，增加了另一层额外的意义：

——远离人体轮廓线的服装线条，意味着遮蔽、掩盖、保守、舒适、放松；

——紧贴人体轮廓线的服装线条，或廓型与人体净体轮廓非常相似，甚至夸大人体比例的线条，意味着对人体的张扬、炫耀、装饰，强调个性与性别。

裸露程度也可被认为是合体变化中的一个变量：

——轮廓线离开人体自然界限位置，使裸露面积增大的服装开放、性感、大胆、现代；

——轮廓线离开人体自然界限位置，但使裸露面积减小的服装保守、严肃、冷淡。

最具有代表性的部位是领口、袖口和裙（裤）摆所在的位置。裸露变量的标准是相对的，由社会的自由度与服装整体伦理观念标准决定。当社会的伦理不再维系在服装裸露程度上的时候，裸露也成为调节服装舒适度的一个途径。在炎热的季节和大幅运动的场合，裸露的皮肤越多，服装的功能性越好。

3. 状态变化

状态变化是指同一服饰、部件和细节项的不同状态，包括服装或部件的拱起、翘立、下垂、平伏、翻折、褶皱、敞开、闭合、竖立等，有时是人为的，有时是无意的；有些出于设计的目的，有些出于功能的目的。

以翘起的状态为例。人体表现的起伏是平缓的，如果服装出现了明显大于人体起伏曲度的造型，观察者会察觉出夸张、人造、刻意的成分，并对拱翘的形状产生联想。近代西方服装以表现和夸大人体为荣，男装和女装都出现了衬垫、蓬起、翘起的造型。而东方的服装大部分服装造型平直缓和，偶尔出现平直或硬挺的结构，多属于具有象征意义的礼仪服装，或实用保护目的的功能性服装。

敞开／闭合状态一般发生在领口和前门襟上。领口和前门襟是映入眼帘的第一部位，因此这个部位的状态对服装传递的信息有非常重要的作用。敞开的领口和前门襟≡开放、放松、随便（在正式场合前襟敞开的行为是无礼的）；闭合的领口和前门襟≡严肃、正式、端庄、保守。敞开的西装领口搭配封闭的衬衫领口，形成了端庄与开放的和谐统一，比完全封闭的中山装和中式立领传达的信息更加丰富，姿态更加和婉。

在20世纪60—70年代时期，人们普遍喜欢把衬衫和外套的领口略微敞开，形成小翻领的外观，改善了过于严肃的服装氛围（图1-21）。

图1-21　20世纪60—70年代的小翻领外观

（四）量度变化

服装服饰的变化中，长短宽窄的量度变化不涉及服制的基本形式与本质风格，因此是各个时期时尚流行最常见的变量。量度变化可细分为长度（长、短）或高度（高、低），宽度（宽、窄），厚度（厚、薄），体积（大、小）等变量。

服装的长度变化中夹带着很多隐指意义。例如，女性裙长变短普遍认为是女性解放运动的结果，是对女性自身需求更加关注的设计。宾州大学的经济学家乔治·泰勒在1920年甚至还提出了经济的"裙长理论"，认为当经济增长时，女人会穿短裙，以炫耀丝袜；当经济不景气时，因为买不起丝袜，女性只好穿长裙遮腿。这个理论在整个20世纪均获得认证，符合经济增长的规律。

如果说存在变化属于质变，则量度变化属于量变，是服装时尚现象中更为常见和持久的变化要素。在我国传统服装的历史上，即使在量变层面上也很微小，量变到质变的周期很长，有时会与社会更迭、异文化的强势介入有关；而现代，量度变化与存在变化频繁出现，与快速发展的社会节奏、世界文化交融的现状和较为自由的个人选择度有直接关系。

（五）关系变化

关系变化是指服装的类项之间、部件之间和细节之间的关系，可分为附着变化、相对变化和组合变化（图1-22）。

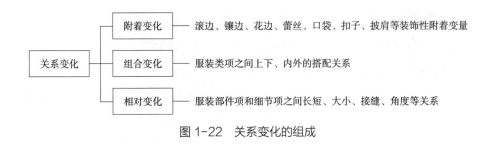

图 1-22　关系变化的组成

1. 附着变化

服装上常加以各种边、带、纱、布等，作用主要是：①缝边保护，重点部位加固；②装饰；③增加厚度；④部分遮蔽；⑤增加功能性。西式女装多用蕾丝和花边装饰，我国传统服装上也常见服装的镶边和滚边。

女装与男装的附着关系变化有所不同。女装的附着关系变化普遍多于男装，且以蕾丝、荷叶边、花边、褶边、蝴蝶结、珍珠饰物等为主；男装的附着关系变化较少，主要是口袋和拉链。方形的大口袋和开线口袋初始是功能性的，为男装独有，因此当女装上出现方形的贴袋、拉链等附着变量时，常具有男性的硬朗语义。

2. 组合变化

组合变化是指服装类项的搭配关系，包括上下装的搭配、内外衣的搭配，以及服装与服饰的搭配。

在社会变革时期，类项之间的搭配最能体现文化的组成与势力。开放多元的社会混搭现象明显，近代的民国时期和现代的服装搭配变化是典型例证。民国时期服装服饰出现了中西混搭，表现出传统与现代的碰撞；而现代服装服饰体现了多元文化的交融混搭。

3. 相对变化

相对变化是指服装部件项和细节项之间长短、大小、接缝、角度等关系，属于不影响服装结构和廓型的细微变化，例如，领子的领尖夹角、上衣与下装的比例、腰围线的高低比例等，与时尚流行密切相关。

第三节　服装服饰符号的所指体系

服装是人类社会最重要的符号之一。在自然属性上，服装是区分人和动物的符号；在社会属性上，服装是区分不同年代、不同阶层、不同文化、不同身份的符号。

服装服饰是人的第二皮肤，先天的发肤不可改变，而服装服饰常变，人们通过服装来保护、美化、改变和表达自己。因此，无论对于个人还是对于时代和社会，服装服饰都可称为无声的语言。著名作家法郎士说："如果我死后还能在无数出版书籍中有所选择……我不想选小说，亦不选历史，历史若有兴味亦无非小说。我的朋友，我仅要一本时装杂志，看我死后一世纪中妇女如何装束。妇女装束之能告诉我未来的人文，胜过于一切哲学家、小说家、预言家及学者。"❶戴维斯在《作为沟通工具的服装与时尚》一文中认为："在我们生命的不同阶段，会有各种……集体的趋势冲击着我们的自我感觉。因为我们很容易面对相同的生活情境，所以不管我们如何解释这些感觉，大部分的人都还是会经历到相同的憧憬、紧张、担忧与不满，并且尝试将它们表现出来。"❷

服装服饰蕴含的意义广大，罗兰·巴特在《流行体系》中，将服装符号的意指（所指）总结为"世事"和"时尚"两个层面，本书将其引申、拆分，解读为以下层次（图1-23）：

（1）服装服饰的自然性表征：指与服装的适穿适用性相关的属性表现出来的特征，包括服装服饰的保暖、隔热、透气、吸湿、吸汗等卫生性能，运动适应性能，洗涤、晾晒等保养性能。

（2）服装服饰的社会性表征：①秩序表征：指与社会秩序和阶层相关的服装穿着礼仪、规范制度、社会伦理、阶层划分、有约束力的民间习俗等；②文化表征：指与不同时代、国家、地区、民族、族群等文化群体相关的服装习俗，以及短期内时尚事件引发的服装服饰风貌的量变性改变；③价值表征：价值表征可划分为三部分——经济价值（包括服装服饰的原材料状况、加工工艺、技术水平、商业价值等）、审美价值和时尚价值。

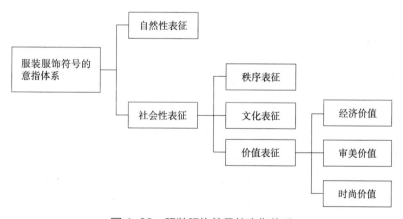

图 1-23　服装服饰符号的意指体系

❶ 周松芳. 民国衣裳［M］. 广州：南方日报出版社，2014：2.

❷ 孙沛东. 时尚与政治［M］. 北京：人民出版社，2013：31.

一、服装的自然性表征

服装的属性很多，可以被认为是手工产品、工业产品、商品和艺术品，但服装的首要属性是日用品。如同语言的首要作用是沟通一样，服装的首要作用是防护人体。服装与人体之间的空隙在人体发热和服装隔离的作用下，产生了"衣环境"，使与人体接触的局部空间具有人体感觉舒适的温度和湿度。服装在保护人体方面体现出来的性质、目的和意义称为服装的自然属性，可以细分为服装材料和结构的保暖性、透气性、吸湿透湿性、耐摩擦和撕裂性能、洗涤和晾晒性能等卫生性能和服装适应活动的人体工学性能。

在分析服装的属性与功能的时候，实际上也是在进行服装符号意指单元的指认。换句话说，服装的各种属性实际上等于一个个完整的意指单元。例如，"棉衣的保暖性能好"，可以拆解出在服装上加入棉花这一材料符号，意指为保暖功能；"涤纶耐穿"，可以拆解出涤纶这一材料符号，指向强度好的功能；"立领服装防风"，可以拆解出立领这一款式符号，指向防风功能；"服装的开衩便于运动"，可以拆解出开衩这一款式符号，指向运动性这一语义。

棉衣＝保暖

涤纶＝强度好

立领＝防风保暖

开衩＝便于运动

服装服饰的各个符号层级均以卫生性能为基础，脱离卫生性能的服装服饰不具备实用性。卫生性能决定了服装选用的材料，构建了服装的基本形制，服装服饰的进化发展一直以改善卫生性能为目的和方向。好的服装具备多个指标的优越性能，往往具有轻、软、吸湿、便捷的特点，冬季保暖，夏季清凉。

服装的卫生性能由服装材料和服装结构两个维度构成。服装材料的属性包括厚度、重量、柔软度、保暖性、透气性、吸湿透湿性、耐摩擦和撕裂性能，以及洗涤和晾晒性能，主要对应质感变化和量度变化。而服装的衣环境——主要体现在运动功能与穿着舒适性上——主要依靠服装结构（款式）完成。在不同的气候条件和生存环境下，人们利用服装的材料和结构构建与外部环境相适应的衣环境，从而使服装带有结构型地域特色，形成惯例后，演化成为外观地域特色。

服饰的产生首先是人类对自然环境适应的结果。与文化对服制的影响相比，环境对服制的影响是决定性和根本性的，稳定而长远。服饰文化地理学研究揭示了服饰与环境之间的紧密联系。例如，有关研究发现上古时期的古羌人与现代藏族服饰非常相似，都具有肥腰、长袖、大襟、长裙、右衽、束腰、露臂以及毛皮材料制衣

"《易》曰：'帝尧舜垂衣裳而天下治。'……圣人所以制衣服何？以为絺綌蔽形，表德劝善，别尊卑也。"

后来的朝代也持续对服装的礼教不断确认、强化和巩固。如南朝宋时期范晔编撰的《后汉书·舆服志》说："夫礼服之兴也，所以报功章德，尊仁尚贤。故礼尊贵贵，不得相逾，所以为礼也。非其人不得服其服，所以顺礼也。"南宋福州地方志《淳熙三山志》（卷40）中说："士人、庶民、商贾、皂隶，衣服递有等级，不敢略相踰越。"清代《古今图书集成·礼仪典》（卷330）说："衣服之制皆有等差，士与士同，庶人与庶人同，不得自为异制。"

历朝历代对不同身份的人冠服的颜色、面料、款式和配饰均有细致入微的规范。除了不同场合的皇服、不同等级的官服之外，对不同职业也有规定，例如，对商人着装的限制，《汉书》（卷1）："贾人毋得衣锦、绣、绮、縠、絺、苎、罽。"《明史》（卷67）："商贩，仆役，倡优，下贱，不许服用貂裘。"《明史》（卷67）："农可衣绸纱、绢布，商贾只衣绢布，不得衣绸纱。农家有一人为商贾者，亦不得衣绸纱。"体现了对商人的歧视和压制。

4. 规范制度

服装服饰的规范制度既具有符号的本体属性，也具有所指意义的指向属性。如上文所述关于不同阶层的着装规定，可认为是等级社会的符号；同时，个体依从这些规定进行着装，规范制度又是其所指的社会表征。规范制度与着装个体的行为是一对关系紧密的能指和所指关系，应彼此参照。个体遵从规范要求，证明了社会制度的权威性或强势性，这时的社会状况往往是稳定的；个体不遵从规范要求，证明了社会制度的强制性失效，社会状况往往是动荡不安，并预示着变革。同时，新制度与旧制度更迭期间，更容易出现执行者的混乱，表现为行为的多样性。以古代和现代进行比较，服饰的规范制度也迥然不同。古代的规范制度是制约性的，约束人们的外表，以社会秩序为中心；现代的规范制度以规范标准的形式出现，是服务性的，约束服装的质量，以人为中心，是现代人本主义的成果。

（二）文化表征

服装的文化表征是指与不同时代、国家、地区、民族、族群等文化群体相关的服装习俗，如不同年代的服装流行款式、少数民族或族群的服饰文化、区域性的服饰文化、民间风俗等。与秩序表征不同，服装的文化表征是自然而然形成的，不具有强制性，而是受到一个地区或族群的发展历史、地理环境、群体性格等的影响。

任何社会的个体都从属于多个不同范畴的族群。个体的服装服饰受时代文化背景、社会传统观念、区域文化、种族文化和个人特性的影响；族群之间又有不同的包含或交叠关系，例如，广府文化从属于岭南文化，岭南文化又从属于中华文化；

同时广府文化与岭南文化的其他族群文化之间又存在着明显的差异。不同的文化圈长期接触，有的少数族群文化容易受到其他文化的影响，与之趋同；而有的文化具有较好的封闭性，得以保留较显著的原色。对于大的文化圈来说，不同族群的服装服饰由于群体内不同文化和不同人群理念的碰撞冲击，会出现更多样的服装服饰形制结构。任何服装服饰符号都有源头，有生命的轨迹，循着它所能通过的途径传播，因此辨别服装服饰符号，就能寻找到文化之间互相传播和彼此影响的关系。

民间习俗也是服装服饰文化的一部分，它根源于传统文化和规定，但又有自己的特征，是人们对服装服饰文化的理解、诠释和发挥，大部分包含着人们趋吉避凶的愿望。服装服饰的民间习俗一般用于特殊的时间、场合、事件，如节庆、丧葬、祭祀等，或老人、儿童等特殊人群。以民间习俗的形式出现的服装服饰符号，指向的含义往往是寓意式的，用服饰图案或服饰配件的形式表现出来。如梅、兰、菊、竹、牡丹、麒麟等受到大家喜爱的花卉或动物各有含义，而给孩子做的虎头鞋、虎头帽、红肚兜等包含着家庭对孩子的喜爱和殷切期望。西方的服饰制度规定较少，民间习俗是形成其服装服饰文化的主要内容，如各种条纹、徽章和各种民族服饰等。

（三）价值表征

价值表征可划分为三类——经济价值（包括服装服饰的原材料状况、加工工艺、技术水平、商业价值等）、审美价值和时尚价值。

服装是人们适应自然的智慧产物，取材与制造必定受限于社会资源和劳动水平，必须满足人们的生理防护需要。每一件服装所能达到的工艺技术水平和功能实用性能与当时当地社会所能供应的资源和技术息息相关，服装的外在形制也必须尽可能地保证人体的舒适性和劳动的便利性。因此，服装服饰符号与所处的地区自然环境有直接联系，具有区域资源优选性和地缘气候适应性的特点。特别是进入工业时代以后，服装服饰加工产业与国计民生息息相关，每一种新材料、新工艺的产生都能带来相应的经济效益，指向服装服饰的经济价值表征。

除去实用价值、社会价值和经济价值外，有相当多的服装服饰变化是为了审美和时尚。审美与时尚的含义并不重合，审美表征的价值为"美"，时尚表征的价值为"新"。"美"有其客观规律，相对来说稳定、广泛而持久，而"新"是动态的，规律不明显，其运动是由点带面式的，生命周期较短。审美性与时尚性的关系是"体"和"面"的关系，审美性牵制着时尚性，使之不至于过分远离大众，同时，时尚性对审美性有着持续而缓慢的影响。今日的大众审美观念实际上是服装的实用性、文化性、一般审美性和长期时尚变化共同作用的结果。

三、服装所指体系分析

（一）服装所指含义的复合性

与语言文字符号、视觉符号等不同的是，服装服饰的意指单元中，"能指"与"所指"的指向关系是交叉的，每个服装符号都有多重效果，指向由多个层面的所指组成的复合意义，它包含了卫生性能、运动性能等多重自然属性，也包含了风格、流行、伦理、制度、风俗等多重社会属性。

以连身的款式和上下分开的款式为例，连身款式在卫生性能上，保暖性较好，而运动性能不佳，外观简洁流畅，在清代，是男子礼服常见形制；上下分开的款式上衣透气性较好，运动性能好，在清代为男子居家服和女性服装的常见形制，因此在服饰的正式等级上，逊于连身款式。近现代社会文明高速发展，人们的活动范围远远大于古时，上下分开的服装款式远比连身款式更适合现代生活（表1-7）。

表1-7　服装服饰符号所指的复合意义1（以袍装和衫裙装为例）

服装服饰符号能指	服装服饰符号所指					
	自然性表征		社会性表征			
	卫生性能	运动性能	礼仪与阶层身份	伦理	风俗	审美
袍装（连身款式）	保暖性好	不利于大幅运动	中国古代服装礼教中的礼服形制	男性服装	清代旗人女性着连身款式的袍，汉族女性着上下分开的衫和裤	端庄简洁
衫裙装（上下分开款式）	透气性好	适合运动	居家服；女性常服	女性服装		层次丰富

再如服装材料符号，每一种服装材料都具备多个属性。以人类服装最常见的棉面料来说，在自然属性上，棉质面料是人类最早使用的纺织材料之一，是人类早期智慧文明的产物之一，因此人们对它的情感混杂了悠长历史的温暖记忆。它柔软亲肤，保暖、吸湿、透气等性能优越，光泽柔和，质朴亲切。在现代，针织棉织物成为人们最主要的服装。但是从另一方面，由于针织棉面料价格低廉，产量大，外观易皱，又使它无法用来制作正式级别较高的礼服类服装（表1-8）。

表1-8　服装服饰符号所指的复合意义2

服装服饰符号	服装服饰符号所指意义						
	自然性表征		社会性表征				
	卫生性能	生产加工性能	秩序与礼仪	文化表征	经济价值	审美价值	时尚价值
棉面料	保暖、吸湿、吸汗、透气、柔软	易生产、易织造、易染色、易洗涤、易加工	正式等级略低，适于制作上层阶级的常服，常见于平民服装	宋末元初大量传入内地	传统面料、价格低廉、极具经济价值	朴实、亲切、柔和	始终作为最适宜穿着的面料而流行

（二）服装所指含义的套叠性

服装的各项表征意义之间是关联的，会出现引发、促进或抵销的关系。

1. 因果与促进关系

自然表征、社会表征与价值表征存在因果关系。如棉质面料，由于性能柔软，在审美的风格属性上，亲切自然，所以在社会属性的正式和级别属性上，属于平民服饰和常服常用的符号。同时由于它亲肤的自然属性，人们愿意大面积栽种、生产和织造，所以经济价值较高，而商业价格较低，更增加了其社会属性的平民服装含义。在经济价值方面，越是珍稀的材料，其被赋予的社会等级越高，与社会表征中的身份属性相关；而社会阶层越高的服装，其审美价值和时尚价值就越高。

2. 背离关系

自然表征、社会表征与价值表征有时也出现背离关系。虽然服饰在一般情况下呈现出适应环境和气候，改善人体舒适度的自然表征，但在社会属性中秩序和文化因素的影响下，也出现了缠足、束胸等对身体的伤害。同时，服装服饰的审美价值与时尚价值并不一定一致，而经济价值有时会推翻时尚价值。例如，1935年在广东发起的抵制洋鞋运动。❶广东人本喜好洋货，洋皮鞋又适应广州的天气，因此在广州最早被广泛接纳，然而这场运动源于经济不景气时期的民族意识抬头，得以形成一场运动，可见经济利益、国家大义在服装服饰的价值表征中起到了相当重要的作用。

（三）服装所指含义的客观性

服装服饰符号的"所指"具有一定的客观性，特别表现在自然表征方面。与冷、热、透气、吸汗等卫生性能相关的所指建立在人类长期的穿衣经验上，服装材料的性能与服装的穿着功能性等，其自然属性的指向是客观的。部件项、细节项等所指意义虽然在一定程度上体现了流行的多变性，但其自然表征引发的情感判断仍具有一定的客观性。例如，以裸露身体的面积为判断依据，裸露得越多，代表的含义就越开放；包裹得越严密，含义就越保守端庄。当然，裸露是否得当的判断标准随着年代而变化。

以服装贴合人体的程度为判断依据，越紧身，就越强调身体，在观感上是性感的；反之则越淡化身体，在观感上是弱化性别的。以民国时期的长衫为例，虽然在流行的语义范畴内无法定论，但在其他自然属性和审美方面，不论在任何文化、任何时代，人们对它的所指判断都是明确的（表1-9）。

❶ 转引自周松芳. 民国衣裳［M］. 广州：南方日报出版社，2014：189.

表1-9　服装服饰符号所指的客观性

服装服饰符号能指	服装服饰符号所指			
	自然性表征		社会性表征（审美价值）	
	卫生性能	运动性能	部件与细节风格	整体风格
长衫	保暖、透气	轻便舒适	立领严肃端正，长衫宽大飘逸，右衽使整体服装呈现不对称的独特美感	整体朴素文雅、端庄大度，富有平面式东方服饰的独特风格

　　审美虽然具有较强的主观性，但以现代科学的观点来看，任何情感的引发其实都具有理性的基础，离不开人体的生物性本能。例如，喜庆的服装以全世界视角来看虽然差异很大，但总的来说都具有"新、洁、质、丽"（崭新、干净、质地好、有装饰）的特征。

　　（四）服装所指含义的主观性

　　正如罗兰·巴特指出的，服装的所指含义更多地体现出主观性的特征。首先，从社会和族群的角度来说，所有文化的审美判断都根植于自身的文化土壤。服装文化体系一般是经济状况、技术水平和政治文化长期影响的结果，形成了社会共识。在同一文化体系里面，人们熟识彼此的服装语言符号，通过着装进行着判断、比较和识别，服装是社会沟通交流的重要媒介。但当遇到异文化的时候，就会出现服装符号含义解读的不适应性，体现出服装符号所指含义随着社会族群的解读不同而相异的主观性。不同文化包含的含义有时截然相反，有时相近但有所区别。东西方对色彩的解读差异尤为明显：白色服装的含义，西方取其纯洁，我国传统上取其悲伤；红色服装的含义，西方解读为热烈，我国解读为喜庆。在服装的款式上，西方以曲线为美，东方多以宽松为美。

　　然而无论东方还是西方，面料精美稀有、工艺细致、色彩和谐、图案精妙等代表着上层人群和富贵身份的服装符号是对所有文化都适用的审美原则，这也是不同文化的精华部分得以在世界各处流传、互相影响的原因。

　　服装所指含义主观性的第二个方面体现在个体解读的差异性上。每一个服装含义的认知主体都具有国家、族群、阶层、教育、社会关系、性格等各方面的属性，影响他们对服装符号含义的解读和评价的结论。个体对服装所指含义判断的差异主要体现在服装符号的价值表征上，特别是审美价值和时尚价值。休谟说："美并不是事物本身的一种性质，它只存在于观赏者的心里，每个人的心见出一种不同的美。"鲁迅先生在《二心集·硬译与文学的阶级性》中也说"贾府里的焦大绝不会爱上林妹妹的"，审美的价值标准脱离不开个体背景。

　　（五）服装所指含义的延伸性

　　服装的所指意义是人主观赋予服装符号的，靠人们的联想延伸出来，因而具有一而二、二而三的连导性和延伸性（图1-24）。由在天上飞翔的龙而联想到天子，于是龙成为天子的符号；在天子的服装上使用龙的图案，称为龙袍，龙袍成为皇权的符号；将龙袍穿在身上这一过程，成为皇权加身的表征符号。

人类惯于联想，事物、谐音、动作、状态都能产生与自己相关的联想，为自己所用。《荀子·法行》中，孔子对玉之品与君子之德进行了全面的关联："夫玉者，君子比德焉。温润而泽，仁也；栗而理，知也；坚刚而不屈，义也；廉而不刿，行也；折而不挠，勇也；瑕适并见，情也；扣之，其声清扬而远闻，其止辍然，辞也。故虽有珉之雕雕，不若玉之章章。诗曰：'言念君子，温其如玉。'此之谓也。"因此玉成为君子的象征符号。

还有一些服装所指含义的延伸性源于服装本身的状态产生的联想，或服装对人产生的作用引发的延伸含义。例如，中山装的结构和裁剪方法总体来说与西装上衣近似，但后背一片连裁，不像西装上衣那样后背中间有断缝，有人据此引申出中山装象征"统一"的引申义。再如立领，由于领口封闭不透气而有较好的防风性和保暖性，形态直板而对脖颈处的仪态有一定的纠正作用，外观板正端庄，严谨自守，在军服、学生服和各类制服上经常使用，因此立领又附加了秩序、权力的所指含义。

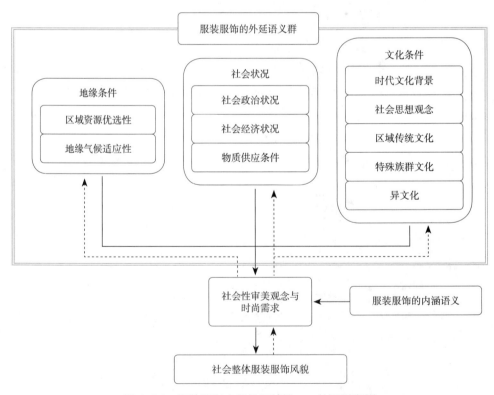

图1-24　服装所指含义的延伸性——外延语义群

（六）服装所指含义的动态性

社会的价值观是动态的，对服装服饰符号的价值表征层面的意义也会随着时间的推移而发生变化，这是服装符号所指价值性含义的一大特征。拉弗在《服装和时尚简史》中说，有性吸引力的服装，若是"出现在它的时代十年前（甚至超越十年）就是放荡的服装，若是在五年前就是有一点羞耻的服装，一年前就是大胆的，而正好在那个时间段就是聪明的，一年以后是呆板的，十年以后是令人厌烦的，二十年以后是荒谬的，三十年后又成为令人愉悦的，五十年后变成奇怪的，七十年后是魅力四射的，一百年后是浪漫的，一百五十年后是美丽的。"❶

审美观察的评价标准变化缓慢，而时尚观察的评价标准变化迅速；同时，它们还受到社会整体变革速度的决定性影响，在社会快速变化的年代，审美和时尚的标准也会加速改变。

---

❶ 李明燕. 当代中国女性时尚服饰文化的裸露之风［J］. 丝绸，2013，50（2）：59–62.

第二章
我国传统服装服饰符号系统（以清末到民国为例）

近现代全世界的服装可分为西式和中式两大体系，我国服装在近现代完成了从中式体系向西式体系的转变。最主要的转变时期是清末到民国时期（1900—1949年），在这个时期，我国服装从东方哲学影响下传统的遮蔽式形制，迅速过渡到西方世界观影响下的近代雕塑式形制。在变迁的过程中新旧交替、中西文化并存，形成了近代史上最独特的服装风貌。服饰体系变迁大致可以分为三个阶段：第一阶段是清末西潮的涌入；第二阶段是清末至民国初年中西文化混杂，逐渐交融；第三阶段是民国中后期西式服装基本取代中国传统服装。

中式服装与西式服装相比，在符号各层级上都体现了差异，反映了东、西方思维方式和社会文化的根本性差别。本章以清末到民国时期为例，对我国传统服装服饰体系进行符号学分析。

第一节　属项、子项与类项层级符号与意指分析

一、属项

属项是服装的第一层次形制。按照属项的层次划分，无论长度如何，袍、袄、褂、衫等均属于上装属项，裙和裤属于下装。上衣和下装的属项划分在我国早有共识，《诗·齐风·东方未明》曰："东方未明，

颠倒衣裳。"《毛传》解释道:"上曰衣,下曰裳。"即上面穿的为衣,下面穿的为裳。

虽然有同样的服装层次概念,但我国传统服装在外观上与西方现代服装大不相同。林语堂曾比较说:"大约中西服装哲学上之不同,在于西装意在表现人身形体,而中装意在遮盖身体。"中式服装以遮蔽人体为主要目的,其中遮蔽最严的是从腰到膝的部分。因此清末民初之前,从腰到膝的部位都用长上衣遮挡住,形成了上长下短的普遍形制。

中式服装廓型简单,多为直线型裁剪,因此从服装的大廓型来看,衣裳之间的组合关系是不同时期服饰风貌的重要符号。中式传统服装的上下、内外组合关系一直都有变化。如深衣是一件式的袍装,而襦裙是上衣下裙。到了清代,传统汉族男子服装变成旗式的长袍,以上装为外,下装为内,下装遮蔽在上装里面;汉族女子服装不变,仍是上衣下裤,礼仪或外出时在裤子外加裙子,上下分开。张宝权在《中国女子服饰的演变》中说:"差不多有清一代(一六四四——一九一一),标准的服饰便是一套袄裤。"❶张爱玲在《更衣记》中也说:"在中国,自古以来女人的代名词是'三绺梳头,两截穿衣。'"❷因此在清代时"一截穿衣"是男性的符号,"两截穿衣"是女性的符号。

十三行时期在广州工作的美国人亨特在《旧中国杂记》中提到:"众所周知,中国男人穿裙子,女人穿裤子。"❸但这个说法指的是汉族女性,旗人女性穿的旗袍上下一体,也是"一截穿衣"。《清稗类钞》说:"八旗妇女衣皆连裳,不分上下,盖即古人男子有裳,妇人无裳之遗制也。"由此可总结出袍服、衫裤、衫裙与性别、民族的对应指向意义:

清代·一截穿衣(袍装)≡男装(包括汉族和其他民族)

清代·两截穿衣(衫+裤或裙)≡汉族女性着装

清代·女性·袍≡旗人女性着装

在20世纪20年代时,汉族女子亦开始着袍,可认为是民国时期社会秩序开始打乱之后,服装时尚开始在不同民族和阶层之间互相流动的结果,也是妇女平权运动在服饰上的体现。汉族女性像男性一样穿袍,有文献认为其初衷是想模仿男性,在客观上女性可以在着装上与男性相同,体现了女性平权的教化思想开始被人们接受。这个例证体现出服装视觉第一层的属项组合对于服装传递的信息来说具有重要的意义。

与外衣不同,我国传统的内衣一般分为上下两件,包天笑在1945年的《六十年

❶ 张宝权. 中国女子服饰的演变 [J]. 新东方杂志, 1943, 7 (5): 64-67.

❷ 张爱玲. 更衣记 [J]. 古今, 1943, 36: 25-29.

❸ 亨特. 广州番鬼录·旧中国杂记 [M]. 冯树铁, 译. 广州: 广东人民出版社, 2009: 335.

来妆服志》中写道："人类总是两截穿衣，自颈以下至于腰间为一截，自腰以下至于足踝为一截。虽有许多种族，外表均披有一长衣，而内服大都是两截的。"[1]从人体工学的角度看更加舒适合理，可总结为"外衣合礼，内衣合用"。

二、子项

在我国传统服饰史上，上装子项有衣、袍、服、衫、褂、袄、褙、褶、马甲等，下装为裙和裤。必须一提的是，有的文字如袍、衫、褂、衣等，从古代到近现代的意义发生了很大变化。如"袍"，《礼记》解释"袍有衬絮"，定义为有夹里的长衣；《释名》说："袍，丈夫著下至跗者也。袍，苞也。苞，内衣也"，《礼·丧大记》也说："袍必有表"，将袍定义为内衣；到了明代，《正字通》又说"袍者，表衣之通称"。有的文字代表的款式是短期性的，已经消失，如"褶"（一种长度到膝盖上的上衣），在汉末魏晋出现，在唐代盛行一时后消失。

同时，"袍""衫""褂""袄"等表示上衣的词在日常使用中常常有通用的现象，没有绝对的区分和界限。对它们的选择使用有时与地方方言有关（比如近代由旗人长袍演变而来的服装，中原和江南地区叫为"旗袍"，而岭南地区称为"长衫"；同样的服装款式，如岭南地区的大襟衫，别的地区称为大褂、袄等）；有时称呼与传统习惯有关（例如，皇帝的礼服分为衮服、朝袍，"服"与"袍"的用法被固定下来）。

为了研究方便，参考广府地区的语言习惯，本书将对以下近代服饰子项的含义进行区别与界定：

（1）袍：正装外衣符号，是长款、大襟右衽、盘扣、左右开裾的直身式外衣，多有里子。袍常用于指具有一定身份的人在正式场合所穿的外服，如蟒袍、官袍、战袍等，具有一定的形制规范，清代至民国旗人的服装也多用袍，除龙袍、蟒袍等袍外，还有男女常服袍、旗袍等。本书以"袍"指官袍和民国出现的新式女性旗袍。在广州，将女性旗袍称为"长衫"，与男性长衫的名称相同，不便于区别，因此在本书中仍使用"旗袍"。

（2）服：礼服外衣符号，圆领、对襟、平袖、袖与肘齐，衣长至膝下，清代以"服"称呼具有礼仪作用的服装，如衮服、补服、朝服等。

（3）衫：常服外衣符号，长款或中长款，一般指各个阶层居家或普通外出场合穿着的衣服。一般认为衫与袍相比，区别是有无里料，但民国的长衫也有里子。"衫"在粤语里是"衣服"的统称，常作为服装名词的后缀，如"长衫""短衫""大襟衫""对襟衫""棉衫"等，近代岭南的上衣基本都被称为"衫"。岭南地处偏远，

❶ 包天笑. 六十年来妆服志［J］. 杂志，1945，15（4）：31–38.

广府裳音——近现代广府服装服饰的符号学研究

穿袍服较少，多穿轻便舒适的日常便服，亦符合"衫"的含义。本书按照广州的习惯叫法，将男式长袍称为"长衫"。

（4）褂：中短款上衣，既有套在袍和衫表面的大褂、马褂，也有贴身穿着的小褂。西装中的衬衣在刚进入中国的时候，也被称为"西式小褂"。[1]本书仅指代对襟、长度到腹部的马褂。马褂在清末是日常穿用的便服，至民国时期升格为礼服。

（5）袄：中短款上衣，一般是斜襟。本书只指代民国时期女性文明新装"上袄下裙"形制中的上衣。袄亦指夹里或夹棉的保暖型中短款上衣。从款式特征上看，袄与衫没有差别，名词可以通用，广府地区通常以"衫"通称。

袍、衫、褂、袄的符号特征辨析见表2-1。

表2-1 袍、衫、褂、袄的符号分析

子项	衣长	领子	门襟	袖子	是否夹里	代表性类项
袍	长至足踝	圆领、立领	大襟、琵琶襟	清代时有袖端，民国后为平袖端	有	官袍
衫	臀部至足踝	圆领、立领	大襟、对襟、琵琶襟	平袖端	有无均可	大襟衫
褂	腹部	圆领、立领	大襟、对襟、琵琶襟	平袖端	有无均可	马褂
袄（与衫类似）	臀部至膝盖	立领	大襟、对襟、琵琶襟	平袖端	有	棉袄

（6）背心：背心在北方叫作"坎肩""马甲"，本书采用的是岭南地区的叫法。背心是没有袖子的服装，外穿可增加保暖作用，又有视觉上组合搭配的审美意义。同时，近代女性内衣也是背心的形式，称为"小背心""小马甲"或"束胸"，小而紧，紧束胸部，是近代女装变紧后女性掩藏胸部的服装，是中国传统礼教束缚人体的符号之一。

（7）裙：女装符号，女性外穿下装，女性礼服符号。

（8）裤：下装，非正式场合服装及下层服装。对于男性来说，劳动人民一般都是上衫下裤的装束，而有地位或从事文职工作的男性往往穿长衫。近代的中式裤多是大裆裤。

子项之间互相转换的不稳定性在中式服装中也非常常见，袍、衫、褂、袄之间差别不大，界限模糊，改变衣长，或改变领口、袖口，就可以互相转换。20世纪初女子旗袍从出现到兴盛，一说是由马甲演变而来。"旗袍的产生，大约在1914到1915年间……最初是以旗袍马甲的形式出现的，即马甲伸长至足背，以代替原来的

---

[1] 孙伏园. 辛亥革命时代的青年服饰［J］. 越风，1936（20）：38-39.

裙子，加到短袄上。"[1]

西风东渐后，上装子项逐渐增多，西式上衣、改良旗袍、中山装、连衣裙、大衣等逐渐取代传统服装，到了20世纪40年代，西式服装超过中式传统服装，占据了主体地位；到了20世纪60年代，大襟衫等传统服饰在全国范围内除了特殊族群以外，已基本消失。但在广府文化区，大襟衫在农村地区自制自用，直到20世纪末才消失。而在香港，旗袍（长衫）至今都是人们非常喜爱的服装。

近代服饰子项主要有帽、头帕、头饰、耳饰、颈饰、腕饰、披饰、手饰、挂饰、鞋袜等。近代图像和文献资料显示，在岭南地区，劳动人民在户外工作时，帽或头帕出现频率较高，而头饰、耳饰、腕饰等装饰性的子项则随着时间而出现了变化。民国前女性挽发髻，即使是劳动妇女也有发簪、耳坠、手镯等饰品；而民国后，特别是五四运动以后，无论男女都兴起短发风潮，衣尚简素，穿戴发簪、耳坠等首饰明显减少。新中国成立后，装饰性的首饰更少，直至20世纪90年代广深经济开始发展，首饰才逐渐重新回温，但发簪、挂饰等服饰配件几乎绝迹。

每一类子项都有明确的起源、区域、人群的指征意义。特别是对于近代中国来说，政府通过颁布服装法令表明对中式传统文化和西式文化的政治立场，人们又通过选择服装传达个人意愿，因此服装是当时政府与民间意识走向最明确的外在表现。

政府法令规定的服装一般体现在子项层级上，即规定服装的品类。例如，在1934年民国政府发动"新生活运动"，要求使"一般国民衣食住行能整洁、清洁、简单、朴素，过一种合乎礼义廉耻的新生活。"上海市政府响应号召，出台了《上海市新生活集团结婚办法》，规定凡上海市民结婚应申请参加集团婚礼，婚礼服的穿着搭配是：新郎着蓝袍、黑褂、蓝裤、白袜、黑缎鞋与白手套；新娘着短袖淡红色旗袍、同色长裤、同色缎鞋、肉色丝袜，头兜白纱，手戴白手套并执鲜花。从中可以看到中西式服装子项并列（表2-2），试图达成一种新的和谐的愿望。[2]

表2-2　法令中的中西式服饰符号

新郎服饰		新娘服饰	
中式子项	西式子项	中式子项	西式子项
蓝袍、黑褂、黑缎鞋	蓝裤、白袜、白手套	淡红色旗袍、同色缎鞋	淡红色长裤、肉色丝袜、白纱、白手套

[1] 转引自周松芳. 民国衣裳 [M]. 广州：南方日报出版社，2014：22.
[2] 郑永福，吕美颐. 近代中国妇女与社会 [M]. 郑州：大象出版社，2013：65.

三、类项

我国古代传统服装类项有深衣、襦袴、袴褶、圆领袍、半臂、褙子、袴、氅等，到了近代，从图像资料看，常见服装类项主要有官袍、马褂、长衫、大襟衫、对襟衫、马面裙、大裆裤，以及20世纪开始自西方传入的西装、衬衫、大衣、毛衫、T恤衫、夹克衫等。另外，还出现了中西结合改良的中山装和改良旗袍，基本与现代常见服装类项相同。总的来说，近现代服装类项的集合与组成比例随着时间变化而变化，呈现了以旧换新、以西替中的替代过程。其中对于岭南地区来说常见的传统服饰有：

（一）旗式长袍（官袍）

圆领，大襟，箭袖，衣长至足踝，左右两开裾或前后左右四开裾，男女皆可穿（图2-1）。

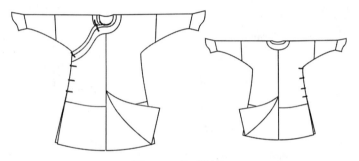

图2-1　旗式长袍

（二）补服

补服是最具有代表性的清代官服品秩符号，主要的特点是用"补子"的不同纹饰来区别官职品级。补服的形式是圆领、对襟、平袖、袖与肘齐，衣长至膝下，前后各缀有一块"补子"。补服也叫补褂，形式比袍短，类似褂但比褂要长，袖短平，对襟。补服在胸、背或胸、背、两肩处缀以补子。补子形式有方补和圆补，固伦额驸、镇国公、辅国公、和硕额驸、民公、侯、伯、子、男以至各级品官，均用方形补子，亲王、郡王、贝勒、贝子等皇室成员用圆形补子（图2-2）。

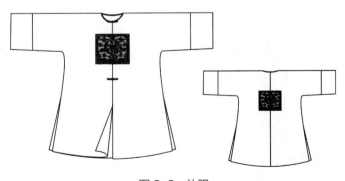

图2-2　补服

（三）马褂

对襟、平袖端、盘扣、身长至腰，前襟缀扣襻五枚，左右及后开裾（图2-3）。

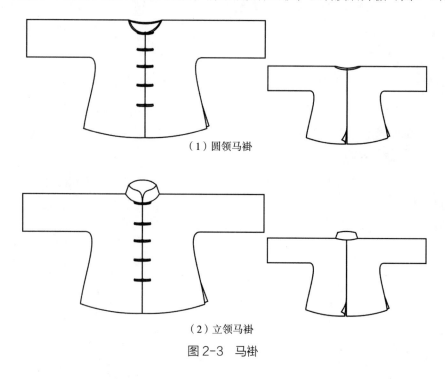

（1）圆领马褂

（2）立领马褂

图 2-3　马褂

（四）长衫

大襟右衽，衣长至足跟，单侧或双侧开衩，衣身合体呈宽体直身的廓型，领型有圆领和立领两种，立领较为正式。长衫的领袖无镶滚，窄袖，袖长与马褂袖齐平。长衫是汉族服装，与旗袍不同，不用马蹄袖（图2-4）。

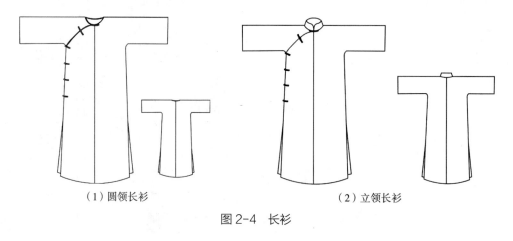

（1）圆领长衫

（2）立领长衫

图 2-4　长衫

（五）大襟衫

大襟衫是近代最常见的上衣，最典型的特征是斜襟。领子常见圆领或立领。衣长随不同时期而变化，清代时到小腿中部，民国中后期到臀围线附近。清代大襟衫领口、袖口、底摆一般有镶边、滚条等装饰条带，到民国的时候装饰减少。

大襟衫在岭南地区主要是指客家女性的服装，广州的近现代地方志和民间将这种斜襟立领的中式服装叫作"唐装"。从专业角度看，以款式特征命名的"大襟衫"更加准确，因此本书用大襟衫指代这种上衣（图2-5）。

（六）对襟衫

对襟衫与大襟衫相似，门襟为对襟的形式。

（七）马面裙

我国传统女裙，始于明朝，延续至民国。特点是裙子前中间有一大块光面绣襕的裙片（马面），侧面打裥（图2-6）。

（八）大裆裤

我国传统平面裁剪的裤子，左右连裁，没有前开口，没有立体结构的裆线。

图2-5　清末民初大襟衫衣裤（唐装上衣与大裆裤）

图片出处：2018年广东省博物馆"香港百年长衫展"展品临摹图。

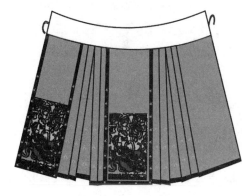

图2-6　马面裙

第二节　部件项与细节项的变化与意指分析

一、部件项及其变化

（一）领子

属于中式领型的领子有两种——圆领与立领。中式传统服装以圆领衫为主。圆领是无领结构的一种，而作为部件单独分立出来的立领，最早出现于明朝中期，到了明朝后期广泛流行。到了清代，旗人的服饰以"衣不装领"为特色，领子为圆领或假领；而汉人女子的服装为立领，成为满汉服装的重要区别。到了清朝后期，满族女子服饰也开始使用立领。清代男子的长衫为圆领，清末民国时出现立领长衫。

领子的高低变化是我国传统服饰中不多的款式变化。张爱玲在《更衣记》中记述清末的女子衫裤，那时的领子很低，"从十七世纪中叶直到十九世纪末，流行着极度宽大的衫裤，有一种四平八稳的沉着气象。领圈很低，有等于无……"领子逐渐增高，到了清末，开始流行一种很高的立领"元宝领"："一向心平气和的古国从来没有如此骚动过。在那歇斯底里的气氛里，'元宝领'这东西产生了——高得与鼻尖平行的硬领，像缅甸的一层层叠至尺来高的金属顶圈一般，逼迫女人们伸长了脖子。这吓人的衣领与下面的一捻柳腰完全不相称。头重脚轻，无均衡的性质正象征了那个时代。"❶曾国藩之女曾纪芬在《崇德老人自订年谱》中也说："庚子以后，风气弥开，男女皆尚高领窄袖。"❷领子与衣身组成的意象——封闭社会的四平八稳与震荡时代的失去平衡，成为对当时社会气象的拟态。

到了民国时期，领子的高低又出现反复，民国初建的时候流行低的衣领，过了几年又开始流行高领。"到了民国三四年的时候，一般妇女，大有高领的盛行，高度四五寸不等，愈高愈美观，形态是不平衡的，两端高而中间较低，广东人叫它马鞍领。"❶然而随着人们对自由和科学的新奇思想的争相追逐，无领的衣服又开始流行，"一般女子，确实觉悟了不少，她们知道衣服加领，有妨碍颈的运动，高领更为不行，所以那时她们的思想很积极，不论高低领，一概取消，很慷慨地提倡穿没领衣服了，那时女学生们得到这个消息，就立刻赶着把她们的衣领除去，而且还在报纸上刊物上发表很多废领运动的文章，鼓吹得风云皆变。"❸新潮流短期内迅速流行变化的现象在19世纪以前从未有过，与社会的巨大变化有直接关系。

（二）袖子

在西式服装中，部件项之间往往裁剪成独立的衣片，缝合在一起，在服装上以缝合线为界限进行部件划分。而中式服装的部件项组合关系不同，特别是在肩袖的部位，中式服装以平面裁剪为特点，衣身与袖子连为一体。虽然在外表上是一个部件，但在分析时，仍按衣身和袖子进行区分。如清代的马褂，虽然没有袖窿缝合线，但衣身到袖子的界限转变还是存在的。西式服装以缝合线为标识，中式服装则以穿着后人体的轮廓线为标识。直到民国末期，最接近西式理念的女性旗袍大多仍采用衣袖连裁的方法。20世纪50年代开始，香港长衫全面引入西式裁剪的技术，装袖、

❶ 张爱玲. 更衣记 [J]. 古今，1943（36）25-29.

❷ 吕美颐. 中国近代女子服饰的变迁 [J]. 史学月刊，1994（6）：47-53.

❸ 少金. 近代妇女的流行病 [N]. 广州《民国日报》，1920-5-5.

胸省等才成为旗袍普遍使用的结构。

现代服装部件的划分以人体运动带为依据，对人体及人体工学的科学认识是近现代西方科学的产物。对部件划分的区别形成了中式服装与西式服装完全不同的外观，进而成为中西式服装符号的重要差异。中式服装衣袖连裁，交领类的服装衣领入身，将人体区域划分出完全不同的区块。根据运动特征裁剪的西式服装能通过合理的裁剪方法实现立体造型，满足人体活动需要，因此服装贴体修身；中式服装则完全依靠宽松裁剪获得的松量满足运动需要，正如林语堂在《论西装》里以经验主义的立场说道："中国衣服之好处，正在不但能通毛孔呼吸，并且无论冬夏皆宽适如意，四通八达。"❶

清末民初的袖子变更像领子一样反复曲折，且比领子牵动的争议更大。领子从无到有，与保暖、舒适相关，而袖子从有到无，裸露出了手臂肌肤，是中国传统服装上从未出现过的现象，所以反映了更深的变革意义。如前文所述，我国服装以遮蔽人体为目的，脖颈面积小，是否裸露影响不大，而袖子的消失则必须依赖整体社会思潮的根本性改变。袖子部件从有到无的过程历经数年，20世纪20年代民国时期旗袍的袖子，袖子由长变短，到了1939年左右出现了完全无袖的款式。如1940年150期《良友》杂志《旗袍的旋律》中总结："袖长回缩的速度，更是惊人，普通在肩下二三寸，并且又盛行套穿，不再在右襟开缝了。旗袍的高度既上升，袖子到二十七年便被全部取销……"❷（图2-7）

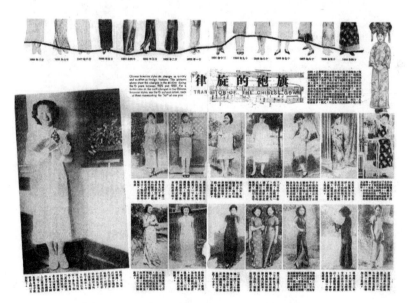

图2-7　1940年《良友》杂志"旗袍的旋律"

图片出处：屠诗聘《旗袍的旋律》，载《良友》，1940（150）：60-61。

---

❶ 林语堂. 我的话：论西装 [J]. 论语：1934（39）：3-5.
❷ 屠诗聘. 旗袍的旋律 [J]. 良友，1940（150）：60-61.

043

（三）衣身

衣身可分为围度和长度两个维度，近现代中式男装的衣身变化不大，主要体现在女装上。

在围度方面，在唐、宋等时期，女装在基本形制的基础上，会出现放松和收紧的量度变化。但在改良旗袍出现以前，由于社会观念的约束和裁剪技术的限制，传统女装的窄衣身只是与"宽"相对的概念，以现代服装的观念看来，在外观效果上仍属于遮蔽体型的宽松廓型。到了民国十五六年时，女性开始热衷于穿着长袍，起初时与男性长袍近似，"款式多保守，腰身概取宽松，袖长及腕，身长在足踝以上。"❶而到了20世纪30—40年代，旗袍变得"既长且窄，衩子极低，仅足够表现窈窕婀娜，娴雅斯文，于做事走路，都不相宜"。❷此时的改良旗袍凸显女性身体曲线，服装蕴含的意义与传统的服装完全不同，是中西方文化融合的产物，是中式现代女性服装的起点性标识。

在长度方面，清代以前的女装两截穿衣，到了清末和民国时期，特别是文明新装和旗袍开始流行起来以后，衣长、裙长和袖长出现了明显的时尚化变化特征。正如民国记者曹聚仁所说："一部旗袍史，离不开长了短，短了又长，这张伸缩表也和交易所的统计图相去不远。"❸（图2-8）

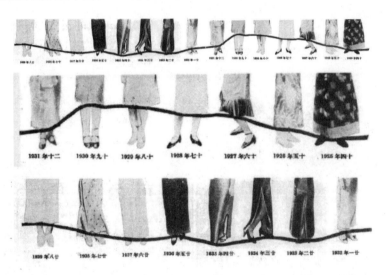

图2-8　1940年《良友》杂志"旗袍的旋律"——旗袍裙长变化

图片出处：屠诗聘《旗袍的旋律》，载《良友》，1940（150）：60-61。

❶ 周松芳. 民国衣裳［M］，广州：南方日报出版社，2014：29.

❷ 碧遥. 短旗袍［J］. 上海妇女，1938，1（12）：13.

❸ 徐璐明. 海派旗袍：记录了一个时代服饰文化的发展历程［N］. 文汇报，2018-05-31（11）.

二、细节项与变化

（一）点和线

1. 轮廓点和轮廓线

中式服装的轮廓点少而模糊，轮廓线圆缓流畅，廓型肥大而宽松；西式服装的轮廓点多而清晰，轮廓线多平直紧凑，廓型贴合人体，体现了中西哲学观念在服装理念上对人体轮廓抑扬的差异（图2-9）。例如，肩点，肩点是衣身与袖子的交点，在中式衫中，由于采用的是身袖连裁的裁剪方法，服装结构上的肩点并不存在，服装显露出来的肩点是人体肩点突起的模糊外现。自20世纪20年代初开始，西式服装带动西式结构和裁剪方法进入我国，肩点才获得较清晰的定位。服装的肩点成了人体肩点的替代物，当肩点的位置调高或调低、调外或调内的时候，带动肩线的长度和倾斜度，从而使服装外观再塑人体的比例和姿态，表达出不同的语义。

图2-9是蒋梦麟参加全国大学及专门学校相关会议合影。图中中式与西式服装相比，轮廓模糊，轮廓点少，服装外线整体呈上圆下方的形态；而近代西式服装轮廓清晰，按照人体结构设置部件。

图2-9　服装肩点的符号语义

图片出处：蒋梦麟《西潮·中潮》，北京：新星出版社，2016：4。

2. 内部点与线

内部点与线的设置与服装的自然属性关联不大，主要体现审美价值和时尚价值，属于装饰性细节项。一般来说，内部点与结构线、装饰线越多，服装外观越烦琐华丽，越体现审美或等级的目的。中式服装中最复杂的结构是皇帝的冕服，服装图案、结构和内外搭配形成的内部点、线、轮廓线丰富，极具形式感。与之相反，平民穿着的服装结构简单，内部点和装饰线、结构线很少。

西式服装结构复杂，裁片多，形成的内部点线较多；而中式服装内部没有结构线。除了图案之外，对中式服装视觉的丰富性贡献最大的内部点主要是纽扣，装饰线主要是镶边和滚边。

中式服装上最重要的内部点——纽扣，主要是盘扣。服装上的纽扣在清代以前数量不多，且比较隐蔽，有时又以系带代替，而到了清代，数量尤其增多。这与外国商品输入和盘扣技术的发展有关，盘扣工艺的发展又改变了清代上衣领襟的形制。清代以前的服装圆领、交领多，而清代开始出现了立领、斜襟、对襟、琵琶襟等大量使用纽扣的门襟形式。

盘扣以扣合功能为起点，衍生出了审美装饰价值。在大面积的衣身底色上，纽扣成了不可或缺的点缀装饰，盘扣的扣襻和扣带极富形式感，衍生出一字扣、琵琶扣、花扣、蝴蝶扣等多种多样丰富的扣型。盘扣与衣身以面衬点，以点带面，搭配和谐，是东方服饰的符号之一。

西式服装裁剪技术常以省、褶、分割线等结构线构造人体，而传统中式服装中几乎没有塑型功能的结构线。这与东方哲学对人体的认识有关。缺乏结构线的服装常更加注重面料的华美，或门襟、底摆、袖口滚边进行装饰。领口、袖口、门襟等轮廓线被不同颜色的滚边或镶边强调出来，指向"规矩""界限""度"的含义，与"礼"的观念相合，既具有装饰感，又具有仪式感。

清末以前镶滚边主要是在服装的边缘，特别是领、襟上。到了清末，镶边滚边开始在服装的内部出现，并逐渐增多，成为清末女子服装重要的装饰手法。大面积的衣裙上，镶滚线条或粗或细、或直或弯的组合，搭配装饰边饰的内部花纹图案，使清末女装别具程式化、秩序化的装饰感。特别值得注意的是右衽的门襟轮廓线，这条线位于人体前胸的关键视觉部位，在大方大圆、严肃持重的廓型中，从前颈的中心斜向汇入右侧缝，是唯一的斜向轮廓线。领口的门襟线围绕领口和袖口的各种装饰滚边打破了过分规矩的服装格局，大大提升了中式服装的趣味性和审美性（图2-10）。

耳环、手镯、戒指、头饰等服饰配件体积较小，在服饰外貌中也以"点"的形式出现，在色彩、光泽、质感和面积比例上提高整体服饰的丰富性，提升服饰美感。

（二）面

轮廓线和结构线的变化往往不是孤立的，而是互相关联的，是线与线封闭形成的面的变化。点是强调性的，线是引导性的，面则以体量的形式刺激人的视觉。在等级社会，面的大小与人的地位相关联，服装以大为美，以多为美，以繁为美，礼服一般宽袍大袖，内外搭配层次丰富，在视觉心理上形成重量感和权威感。大的体量代表宽宏的气度和较高的地位，唐代时规定贵族女子在召对之日，不得穿窄袖的衣服，引发大袖衫的流行，唐代女性的大袖衫宽大飘逸，长度及地，展现了唐代恢宏大气、雍容华贵的盛世气度。到了宋代，大袖更被赋予等级秩序的表征意义。《朱子家礼》称："大袖，如今妇女短衫而宽大，其长至膝，袖长一尺二寸。"另注："众妾则以背子代大袖。"大袖成为地位的象征，地位稍低的妇女不能穿大袖，只能以背子代替。大衫大袖的审美趋向一直延续到清末的时候（图2-11）。

图2-10 清末广州妇女

图片出处：广州市妇女联合会《广州妇女百年图录（1910—2010）》，广州：广东省立中山图书馆，2010：2。

图2-11 香港历史博物馆藏清代妇女照片

图片出处：摄于广东省博物馆"香港百年长衫展"。

到了清末民初，随着人们生活方式的改变，同时受到西方理念的影响，社会中上阶层的服装也逐渐收窄收紧，改变了传统上以体量传达权威的方式，侧面反映了社会等级的淡化和平等观念的普及。

从民国开始，面的变化开始丰富多彩，无论是服装廓型变化的程度，还是变化的频率，都远远超过以往的各个历史时期。可以说从民国时期起，中国才真正出现了以潮流为主要目的和特征的服装变化。款式符号的出现和流行，必然有着世事和价值的对应所指。文明新装的衣身、袖子和裙子的长短与宽窄，旗袍的廓型、曲线和长短，在短短数年间几易形状，朝着短、紧、露的大方向迂回变化，人体轮廓逐渐清晰、突出，寓意着人们个人意识的萌醒。

以20世纪20年代出现的倒大袖服装为例，其袖子在十年间出现了款式细节的变化："20世纪20年代的倒大袖上衣衣身变化规律呈现出由离体向合体、由宽衣向窄衣、由长逐渐变短的发展，上衣的逐渐合体使得女性在穿着或参与社会活动时更为方便且舒适。将传统的宽大肥硕上衣变窄，减少了面料使用，节省了经济成本，这也是符合时代精神的表现。腰身的变窄小让女性身材显露出来，改变了原先人衣颠

倒的关系，使传统女装向着现代女装更为迈进了一步。"❶（图2-12）

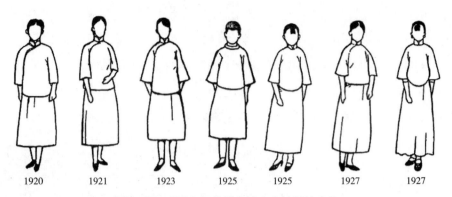

| 1920 | 1921 | 1923 | 1925 | 1925 | 1927 | 1927 |

图 2-12　1920 年代倒大袖上衣袖子的变化

图片出处：宋雪，崔荣荣《近代女性倒大袖上衣的衣身造型研究》，载《丝绸》，2017，54（01）：70-74。

（三）色彩图案与面料

我国传统服装在款式上变化不大，传统的"礼"教观念在服饰上的表现更多在于色彩图案和面料的选用。因此，与西方国家对服饰色彩的使用不同，中国服饰色彩、图案和面料有自身特殊的文化语义，甚至将其上升到了稳定社会秩序、维护统治阶层地位的程度，具有极为明显的符号学意义。

早在夏商时期，人们就十分重视服饰的颜色。在不同的朝代，颜色的指示含义与统治者的抑扬态度有很大不同。同时，以儒家和道家为核心哲学观的中华传统文化决定了中华传统服饰以简素为美。《诗经》说："衣锦尚絅。"《礼记》解释道："恶其文之著也。"意为"穿着锦绣衣服，外面罩一件套衫，以免太过招摇"。絅是一种半透明的薄纱，以絅罩衣，可以遮挡一下锦衣的耀眼光华，以此比喻君子的为人之道。孔子在《论语·雍也》中也说："质胜文则野，文胜质则史，文质彬彬，然后君子。""文质彬彬"在着装行为上可解读为文雅低调，服饰与气质相配，符合不同场合与身份对礼仪的要求。这可看作是中华传统服饰审美的要义。

到了清代，虽然在颜色上的规定减少了，但在材质上仍旧有严格的限制。如康熙元年（1662年）曾规定："举人、贡生、监生、生员，不得用貂皮、猞猁狲、白豹皮、蟒缎、妆缎、金花缎。护军、领催、未入流笔帖式，准用青素缎、绸、绞、纺丝、绢、葛苎、梭布，狼、狐、貉、羊等皮。军民及听差人、书吏，准用绸、绫、纺丝、绵绸、茧绸、屯绢、葛苎、梭布，狼、狐、貉、羊等皮。"❷

传统的色彩和面料受到生产技术的制约，特别是近代以前，纺织服装主要靠自

❶ 宋雪，崔荣荣. 近代女性倒大袖上衣的衣身造型研究［J］. 丝绸，2017，54（1）：70-74.
❷ 严勇. 清代服饰等级［J］. 紫禁城，2008（10）：70-81.

织自制，因此自然植物资源的供应和染色整理技术的水平决定了服装的质地和色彩外观。以岭南地区为例，由于蕉麻多产，所以蕉布、麻布等织物发达，同时可以用于染色的植物和矿物也比较丰富，服装颜色相对较多；人们创造了特有的晒莨工艺，织造出特色织物香云纱，成为广府人最喜爱的服饰原料。香云纱特殊的黑亮光泽也成了令人印象深刻的广府特色风貌，有诗写到"荔熟蝉鸣云纱响，蔗浪蕉风莨绸爽"[1]，荔枝、鸣蝉、甘蔗、芭蕉、莨绸——亚热带丘陵地貌的自然产物成为岭南地区风土人情的文化符号。莨绸所展现的美学特征正是这一服饰文化符号的内涵语义。

然而随着西方商品价格的降低，以及近代工业技术的发展，洋布取代了土布的地位，传统的蕉布、麻布在近现代逐渐式微。

同时，外在质感取决于纺织品的特性，与纺织服装生产技术和国计民生息息相关，特别是进入工业时代以后，每一种新材料、新工艺的产生都能带来相应的经济效益，指向服装服饰的经济价值表征。1912年中华民国成立，在"易服"方面倾向于西化，但西装多用西洋面料，牵扯到众多利益，大公报在1912年1月12日刊发《易服以保存国货为要义》，要求"易服不易料"，文中说："我国人民半恃丝绸以为生存，安可弃其料而不用哉？"由于受到来自各方面的强烈反响和压力，国民政府最终"易服"仅限于礼服。孙中山在1912年2月4日《复中华国货维持会函》中认同衣料的问题："去辫之后，亟于易服，又急切不能得一适当之服式以需应之，于是争购呢绒，竟从西制，致使外货畅销，内货阻滞，极其流弊……"1912年10月3日，民国颁布了《男女礼服服制》，在面料上规定：在男子礼服方面，大礼服料用本国丝织品，常礼服的西式款用本国丝织品或麻织品或棉织品，中式款用国货丝棉料。

到了现代，随着材料和染色整理工艺的发展，它们作为服饰语言的功能得以更加突出地发挥作用。

首先，服装色彩、面料的多样化与社会平等自由程度具有相关性，越是管束严厉的社会，服饰越呈现出单一的特征，一旦放开约束，人们会出于热爱美好生活和追求新颖的天性，使服饰变得丰富多彩，更加贴切地表达社会中的群体和个体的属性特质。

其次，服装色彩与面料又与经济发达程度（或经济活跃程度）有所关联，在不同的经济发达程度和文明程度下生活的人们，对服装色彩的选择呈现不同的趋向。

最后，服装色彩与面料与自然环境、季节气候等也有非常重要的关系。研究者已经发现不同地区的人们会根据生活环境的日照、光线、周围的事物等区别，呈现出对某一些色系的喜爱和某一些色系的不悦，用自己的服饰色彩去改造和调和所在

---

[1] 潇潇. 蔗浪蕉风莨绸爽［J］. 中国服饰，2017（9）：74-75.

环境的颜色，使其更加和谐。

（四）工艺技术

服装作为有形的产品，必然受到原料供应与工艺技术水平的直接影响。反过来，服装的款式特征、裁剪方法、选用原料等也代表了社会科技发展水平。比如花边（又称为阑干、栏干）和水钻在19世纪后期由欧洲传入我国后，对妇女服饰迅速产生了影响，据《训俗条约》记载："镶滚之费更甚，有所谓白旗边，金白鬼子栏干、牡丹带、盘金满绣等各色，一衫一裙……镶滚之弗加倍，衣身居十之六，镶条居十之四"，❶衣边、裙边重重镶滚边成为咸丰清代女装的一大特点。张爱玲的《更衣记》中也记到："袄子上有'三镶三滚'、'五镶五滚'、'七镶七滚'之别，镶滚之外，下摆与大襟上还闪烁着水钻盘的梅花、菊花。袖子上另钉着名唤'阑干'的丝质花边，宽约七寸，挖空镂出福寿字样。"

再如近代的洋袜、皮鞋、丝袜、棉毛衫、文胸、弹性面料等，每一种新材料对服饰风貌的影响都是革命性的：洋布的出现解决了土布幅宽不够的问题，使中式袍衫上为了拼缝而出现的前后断缝消失；弹性面料解决了紧身服装运动舒适性的问题，塑造了现代裤装最常见的紧身廓型。

同时，强大的工业生产能力使服装供应充足。在商业社会运作的驱动下，人们将服装视为必须常常更新、补充的商品。现代社会催生了与过去完全不同的服装价值观，这一切都离不开近现代工艺技术水平的持续发展。

❶ 周锡宝. 中国古代服饰史［M］. 北京：中国戏剧出版社，1984：485.

广府裳音——近现代广府服装服饰的符号学研究

第三章
广府服装服饰文化的世事背景

广州被称为中国的"南大门",最早得名"广州"是在三国时期东吴黄武五年(226年)。明洪武元年(1368年)原元代的广州路被改为广州府,下辖番禺、南海、顺德、东莞、新安(今宝安)、三水、增城、龙门、清远、香山(今中山)、新会(今属江门)、从化、新宁(今台山)13县以及连州及连州所领的阳山、连山二县。因其独特的地理环境、风土人情,在长期的历史发展中形成了"广府民系"和"广府文化"。"广府"是"广州府"的简称,在很多资料中"广州"和"广府"有等同的意义。近代广府文化以广州文化为核心和代表,覆盖广州城外的村郊乡镇和上述县区。

到了现代,由于人口流动大幅增加,广府民系的分布半径有了很大的扩张。现代的广府民系通常指的是使用粤语方言地区的汉族族群,广府人主要分布在粤中、粤西南、粤北,以及桂东南一带,香港地区、澳门地区亦主要以广府文化为根本。广府地区侨乡多,东南亚、欧美、澳洲等地的华人区也多能见到广府文化痕迹。

如前文所述,服装服饰既是自然人皮肤的延伸,也是社会人个性的外显。从符号学的角度研究某一服装服饰文化,必须研究其所处的自然环境和社会环境,才能从源头上把握服装服饰符号的所指意义,形成一个相对明确的特殊文化符号体系。广府民系文化根植于岭南,从自然环境上看,岭南地区具有独特的气候环境和地理面貌,决定了服装服饰的自然属性;从社会人文环境看,岭南是中国南部的门户,广州经济繁荣,贸易发达,文化多元,民风包容开放,多元的文化格局决定了服装服饰的社会属性。

第一节 广府地区的自然环境

一、气候条件

广府地区属亚热带季风海洋性气候，高温多雨为主要气候特征。夏长冬短，终年不见霜雪。太阳辐射量较多，日照时间较长。广州全年平均气温20～22℃，是全国年平均温差最小的城市之一。湿度大，降水多。表3-1为广州与北京、郑州、南京等温带气候城市气候指标对比。

表3-1 广州与北京等温带气候城市气候指标比较（2013年）　　　　单位℃

城市	年平均气温	1月平均气温	8月平均气温	平均相对湿度	年降雨量
广州	21.5	13.3	27.5	81	2095.4
北京	12.8	− 4.7	27.3	55	579.1
郑州	16.1	− 0.5	30.1	53	353.2
南京	16.8	3.0	30.8	68	898.4

湿热是广州最明显的气候特征。湿热的天气往往给初来的异乡人留下深刻的印象，十三行时期来华贸易的商人在与亲属的通信和回忆录里对广州的潮湿多虫和盛夏的炎热多有提及。终年温暖湿热的气候对服装服饰的材料、款式、工艺等有直接影响，使服装具有简单凉快的共性。岭南特色服饰原料莨绸、蕉布、夏布等都具有凉爽、易洗、快干的特点；服色多用蓝色、灰色、黑色等耐脏素静的颜色；普通百姓的衣服多为两件式着装，无领、宽袖、宽裤、跣足或穿木屐，便于透气和运动，藤条或竹编的斗笠用来遮阳防雨，除了一些族群的特色头帕之外，较少装饰。北方冬季常见的羊皮、貂皮、狐皮等动物毛皮制作的服装在岭南地区较为罕见，清代广州的富裕人家最多在冬天的时候在领口衣边镶嵌一些皮毛滚边。正如杨孚在《异物志》对岭南衣饰的描述："暑衣葛、麻、蕉，寒无皮裘，唯布夹袄铺棉，罕衣绸绢者。"

二、地理环境

广州属于丘陵地带，地势东北高、西南低，背山面海，中部是丘陵盆地，南部为沿海冲积平原。同时，广州地处南方丰水区，境内河流水系发达，大小河流（涌）众多，水域面积广阔，具有独特的水乡文化和港口特色。珠江水系四通八达，不仅是商业贸易交通路线，也是人口流动的渠道。岭南"水"多，湿气重，对人的身体健康和日常生活均造成不便，因此无论是岭南建筑、饮食还是服饰都以与"水"环境和谐共生为中心。以岭南人最常见的跣足或穿木屐为例，跣足或穿木屐在湿雨地区尤为方便，因此在岭南地区非常普遍。清末民初的文字资料显示，无论是上层社会还是底层民众，跣足或木屐的比例远超过其他地区。

水乡特色和港口城市地位决定了近代广州的主要交通工具是船。亨特在《广州番鬼录·旧中国杂记》中描述了19世纪广州繁荣的水上贸易和生活。"从广场上望珠江，江上樯舶奔辏，江面几乎被各式各样的船只覆盖……其中十分之九是艇户的船只，他们从不上岸。这群人中不仅有商人、木匠、工匠、鞋匠，还有裁缝和卖故衣、生活用品和胭脂水粉的……总而言之，珠江的水上生活与陆地上的几乎一般丰富。"❶（图3-1）

据《广州十三行：中国外销画中的外商（1700—1900）》一书记载，十三行时期生活在珠江上的艇户多达30万，船只数达82000艘。❷当时广州全府人口300多万，❸可推算出水上居民占到十分之一以上。另一篇论文的数据显示，民国二十一年（1933年）"船户人口共九二〇一六……而全市人口（除市郊外）之总数只有一〇四二六三〇……以此比例而言之，则船户人口约占百分之九……此种船户，终日居住在污浊的内河旁边，或小涌里，其生活情形，自可想见。"❹

除了十三行从事贸易的商船和娱乐活动的画船之外，广州市民的水上生活也很丰富。大量竹枝词描写了珠江水乡人们丰富的江岸生活。如"荔支湾北柳丛南，双桨人归三月三。水色山光留不住，送郎直到白鹅潭。"（王植槐，南海人）"不养春蚕不织麻，荔支湾外采莲娃。莲蓬易断丝难断，愿缚郎心好转家。"（李慕周，顺德人）"蜑雨蛮烟水国村，珠儿珠女万家屯。"（漆春荣，

图 3-1　外销画《从丹麦行眺望河南岛景色》（绘于 1930 年代）

图片出处：孔佩特《广州十三行：中国外销画中的外商（1700—1900）》，于毅颖，译，北京：商务印书馆，2014：249。

❶ 亨特. 广州番鬼录·旧中国杂记［M］. 冯树铁，沈正邦，译. 广州：广东人民出版社，2009：211.

❷ 孔佩特. 广州十三行：中国外销画中的外商（1700—1900）［M］. 于毅颖，译. 北京：商务印书馆，2014：45.

❸ 许五州. 清代广州人口与消费［D］. 广州：暨南大学，2005：9.

❹ 同❸21.

番禺人）"百货私瞒岂等闲，巡船梭织大江栏。园丁自恃花无税，双桨徐摇过海关。"（邓显素）……这些竹枝词描写了人们出行、池塘农作、贩卖商品都以船作为交通工具。

三、生物与矿物资源

岭南地区水土资源丰富，光照充足，四季温暖，生物资源极其丰富。清光绪二十年（1894年）进士张其淦曾经这样描述过："岭南州郡殷旷，区宇奥秘，岩壑辙秀，川泽孕灵。"各种树木、花卉、水果、矿物、水产品等品种丰富，一年供应充足。屈大均在《广东新语》中对"鳞语""香语""石语""货语""木语""草语"等进行了详细地介绍，每一类都有数十种之多。在纺织品资源方面，作为服饰原料的各种纤维植物除了常见的棉、麻、丝外，还有蕉、葛、竹、木棉等，产量很大。岭南人提取这些植物的纤维，织造成衣物、帽子等。

第二节　广府地区的经济与社会环境

一、经济环境

清代以来广州地区的繁荣富裕在历史上被广为记载。近现代著名文字训诂学家胡朴安（1878—1947）曾说道："粤省与外人通商最早，又最盛，地又殷富，故生活程度，冠于各省，而省城地方，则殆与欧美相仿佛，较上海倍之。"将广州的富裕归功于土地殷旷，同时广州当时是全国唯一的对外通商口岸，因此人民生活高于全国的平均水平。

约翰·麦克劳（John M'leod）在著作 *Narrative of a Voyage in His Majesty's Late ship Alceste* 里写道："广州，可能是中国所有城市中最有意思的一座城市。在所有中国城市中，它的面积数一数二，而它拥有的财富大约已列举首位。那里的中国人与欧洲人接触频繁，因而也易于为外来者们所了解。" ❶

《中国近代对外贸易史资料》一书通过19世纪后期广州的洋米消费情况谈论了广州地区的富裕程度。洋米一直在居民的粮食消费中占有相当比重，洋米对稳定广州

---

❶ 孔佩特. 广州十三行：中国外销画中的外商（1700—1900）［M］. 于毅颖，译. 北京：商务印书馆，2014：3.

粮食价格起着重要的调节作用。"洋米几乎全部为广东省所购，而且是通过九龙关进口的。广东省能够为购买粮食付出 11500000 两白银，但并未传闻任何特殊的荒歉，也没有任何灾情的象征引起外界的注意，这就说明广东省的富源是可惊的。"❶

广州历来以集市兴旺、商业发达著称。清朝以来，除了十三行对外贸易之外，内销也十分发达。屈大均在《广东新语》中说："广州望县，人多务贾与时逐，以香、糖、果、箱、铁器、藤、蜡、番椒、苏木、蒲葵诸货，北走豫章、吴、浙，西北走长沙、汉口，其黠者南走澳门……获大赢利。"广府民系从商氛围浓厚，即使是市郊农村及周边地区也多从事养蚕、种桑、甘蔗、茶树、鱼塘、水果、花卉等经济农业生产。

广州商业的发达崛起于清末，"商人渐有势力，而绅士渐退。商与官近，致以官商并称。通常言保护商民，殆渐打破从来之习惯，而以商居四民之首"。❷从清末开始，商人在广州市民中所占比例相当高。1909 年的统计，广州城住户为 96614 户，店铺多达 27524 户，几为住户的三分之一。一份 1911 年广州城区居民的职业分类统计显示，广州居民的职业分布为（以户为单位）："官宦 1086，绅士 454，军界 739，警界 1109，学界 10408，报界 93，商贾 15028，航业 74，贩业 11482，工艺 19390，佣工 2260，盐务 246，司事 521，馆幕 464，美术 642，医业 1128，方技 434，种植 360，畜牧 246，差役 2320，代书 115，优伶 497，挑夫 2316，轿夫 5320，厨役 418，看守 79，书办 523，牙保 178，巫道 416，更练 85，司祝 803，僧人 178，粪夫 520，乞丐 129，尼姑 889，娼妓 2758，瞽姬 218，出洋 1602，信教 102，闲居 5471。"❶从比例看，商贾、小贩和手工业人员最多。

《七十二行商报》在 1907 年的发刊词中说："我粤省于历史、地理、物产、民俗得商界优胜之点，似非他省所及，谓为天然商国，谁谓不然。"因此，"明清以来，广州地城市特征，首先是一个典型的商业城市，其次才是一个政治、文化中心。"❸

二、人口特点

（一）人口稠密

自清代以来，广州一直是全国人口最稠密的城市之一。据《中国人口广东分册》记载："人口最多的地方是广州府，密度也最大……属全中国人口最稠密的地方之一。"

在清末，据粤海关估计，广州户籍人口约为 180 万人，十年后（1901 年）水上

---

❶ 蒋建国. 广州消费文化与社会变迁（1800—1911）［M］. 广州：广东人民出版社，2006：50.

❷ 刘圣宜. 近代广州风习民情演变的若干态势［J］. 华南师范大学学报，2001，1：76-83.

❸ 同 ❶51.

和岸上现有居民估计为240万人。❶这个数字虽然颇受争议，但广州从清代开始就是头等大城市的事实是得到承认的。

新中国成立后广州人口持续增加，改革开放后快速增长，人口总数和增长率在国内始终名列前茅。2018年末，广州市常住人口为1490.44万人，增长率列全国第一位。❷

（二）流动性大

清代以来，广州人口流动性一直较大，"清末广州城内的户籍人口为517596人。另外还有数十万流动人口。"❸流入人口主要来自内地，特别是周边省份。改革开放后外来人口比例更大，近年本地户籍人口与流动人口的数量相当，其中本地户籍人口也有不少是自外地迁来常住。

广州地区向外地，特别是海外流出的人口也多，一般出国经商、从事手工业或劳务谋生。据记载："吾国侨商之旅外贸易者，以粤人为最多，势利亦以粤人为最盛。"（《广州城坊志》）1908年的《半星期报》报道："粤商营业于香港，不下二十万人。"❹侨民将广府文化传播到世界各地，又将世界各地的新鲜观念输送回国。流动的人口是广府文化多元性、开放性、包容性和先进性的重要成因。同时因为文化杂陈，成分多样，所以也具有广府文化整体特征模糊的特点。

（三）从商、从工人口多

广州人口中从商人口众多。有学者推测，清朝嘉庆年间，广州工商业者在总人口中占了相当大的比例，下属的南海、顺德工商业人口比例达到70%～80%，而番禺、新会、三水比例近半。❺到了1911年，广州商贾和摊贩的数量占全部职业总数的29%以上。❻

19世纪后期，随着外商在我国经营航运业，广州出现了我国最早的海员、搬运工人等近代产业工人。据记录，从19世纪40年代到90年代的50余年间，随着外国资本、官僚资本、民族资本在我国兴办航运船舶业、军用工业、纺织工业、轻工业、矿业等，广州出现了一批现代工业工人，到1921年，广州各行业工人约有25万人，行业有70多种。❼

❶ 蒋建国. 广州消费文化与社会变迁（1800—1911）［M］. 广州：广东人民出版社，2006：51.

❷ 晋铭. 人口增减数据背后的广州变化［N］. 证券时报，2019-03-04（A08）.

❸ 同❶30.

❹ 同❶46.

❺ 许五州. 清代广州人口与消费［D］. 广州：暨南大学，2005：9.

❻ 同❶52.

❼ 广州工人运动史研究委员会办公室. 广州工人运动简史（1840—1949）［M］. 广州：广东人民出版社. 2000：9.

广府地区工商业发达的特点，使整个社会不同于小农经济社会封闭守旧的文化及价值观倾向，而是呈现出开放、务实、前卫的风貌。广州是近代中国民主革命的策源地和先行地，民国时期在妇女平权运动、天乳运动、全民体育运动、兴办教育运动、卫生运动等公共服务等方面都走在全国的前列。马克思主义认为经济基础决定上层建筑，与其他地区相比，广州在社会意识观念上更接近尊重人的天性的西方现代化思想，在服装上表现为以朴素实用为服装价值诉求，包容不同风俗文化，尊重着装个体差异。

三、阶层组成

按照社会地位和财富拥有量的不同，社会人口常被分为上层、中层和下层三个阶层。不同阶层具有不同的生活方式、知识背景、思维习惯和消费能力，服装服饰消费穿用现象也有明显的差异。

近现代中国社会的阶层差异更多地体现在财富量和消费能力上，因此，从消费水平的角度对近现代广府社会阶层进行划分，分布情况是：❶

（一）社会上层

（1）官绅富商：十三行时期，广州最富裕的人是行商，其消费水平可以与西方王室媲美。鸦片战争后，广州商人的数量大大增加，迅速崛起成为上流社会的主要组成部分。

（2）中高级官员与绅士：官员包括官、军、警界的中高级政府人员。有一定的经济能力又考取功名的人，或通过捐纳取得功名或职衔的商人，成为具有一定社会地位的绅士。

（3）官办企业的高级管理人员：到了清末，广州兴办了很多官办企业，这些企业的高级管理人员收入较高。

（4）学者与明星：包括社会声望和地位很高的学者，或戏班名角，以及民国后出现的电影明星等。

（二）社会中层

包括小商人、下层官员、医生、中高级工艺师、美术师、账房先生，书院、私塾和公立学校的一般教师等。

（三）社会下层

社会下层的人数众多，包括普通工人、佣工、挑夫、车夫、粪夫、看守、无业游民、娼妓、乞丐等。社会下层民众的生活拮据，主要是食物消费，在衣服方面只要蔽体保暖即可，因此他们在衣服上的消费微乎其微。

❶ 蒋建国. 广州消费文化与社会变迁（1800—1911）［M］. 广州：广东人民出版社，2006：52-58.

第三节　广府地区的多元文化组成

广府文化历来是多元文化：既有古南越文化遗传，又受到内地主体文化哺育，19世纪以来又受到西方文化及殖民地畸形经济因素影响，具有多元层次和多种构成因素。在近现代广府传统服饰资料中，可以分辨出南越文化（表现为特殊的自然环境和民系性格）、内地主体文化和海外文化，以及其他小支流文化因素的多元影响：各个历史时期的不同社会阶层、不同职业、不同年龄人群既选择和穿戴着多样化的服饰，服饰风貌多样复杂，又呈现出一定的地区特色。在做符号学研究的时候，必须掌握广府文化的组成背景，使各种服装服饰表象符号的能指都有所指，完成服装服饰外在表现的文化源头追踪。

一、南越文化

南越文化历史悠久。20世纪50年代至90年代，陆续在南海西樵山、深圳宝安县等地考古发现了新石器时代的各种石器和印有几何图案的彩陶等，体现了古南越人谋求生存和发展的勇气和对美好生活的追求。[1]现有研究成果显示，古南越文化具有以下特点：

一是以稻为主粮，南越地区是最早种植水稻的地区之一。

二是普遍制作和使用几何图形印纹陶器。

三是习于水性，善于用舟，早在先秦时期就掌握了造船和航海技术。

四是干栏巢居。干栏巢居是以竹木为主要材料的建筑，一般为两层，下层放养动物和堆放杂物，上层住人。这种建筑非常适合南越地区潮湿多雨、毒虫蛇兽较多的环境。

五是断发文身。断发文身在古籍中有几处记载，图腾说进行解释。如《淮南子·原道训》说："九嶷之南，陆事寡而水事众，于是人民被发文身以像鳞虫。"以"仿生说"解释，而《说苑·奉使》说："剪发文身，烂然成章，以象龙子者，将避水神也。"以"图腾说"解释。总的来说，是因为南越人渔猎较多而发展出来的一种风俗文化。《淮南子·原道训》还继续描述说："短绻不绔，以便涉游；短袂攘卷，以便刺舟，因之也。"古时的岭南人短上衣，不穿裤子，卷衣折袖，便于在水上劳动。

在性格特点上，庄周在《庄子·山木》中对南越人有这样的描述："南越有邑焉，

❶ 顾作义，林琼. 珠江文化的历史发展轨迹［J］. 暨南学报，1995（10）：61-69.

名为建德之国。其民愚而朴，少私而寡欲；知作而不知藏，与而不求其报；不知义之所适，不知礼之所将；猖狂妄行，乃蹈乎大方；其生可乐，其死可葬。吾愿君去国捐俗，与道相辅而行。"这段描述虽然是寓言的性质，但生动地勾勒出了远离集权、不受礼教、蒙昧自得的教化之外的原始文化状态，符合南越民系的性格特点。

南越文化是百越文化的主要分支。百越文化以河姆渡文化为母系，覆盖现浙江、福建、广东等地。上述南越文化特征在河姆渡文化中大部分也可寻迹，如稻作文化、彩陶文化、造船技术、干栏巢居等，可见古南越文化与河姆渡文化的关系密切，同宗同源。究其原因，在于长江以南地区地理气候有类似的特点，特别是临海、潮湿多雨等特点，直接决定了人民的物质资源和生活方式，决定了文化之间的彼此流动和触发。

古南越土著文化至少自新石器中后期开始，至秦始皇收服岭南输入中原文化，有5000年以上的历史，虽然史料记载寥寥，考古发现不多，但总的来说，可以认为是人们适应自然环境的特点而发展出来的生存文化。以此角度观察，南越土著文化不但没有随着中原文化、海外文化的加入而淡化消失，反而随着岭南地区加入秦朝封建政权，开始了其独特社会历史进程的演变。增加了社会环境因素的变数以后，属于南越本土特色的文化因素变得更加厚重和丰富。

因此，在影响服装服饰风貌的诸多要素中，本书将地理位置、自然环境、地貌气候等因素归为南越本土文化的范畴。可以说，正是这些要素决定了广府服装服饰的物理性特色（包括特色纺织原材料；与服装材料颜色和质地相关的吸湿吸汗、保暖透气、快洗易干等材料特性偏好；以及与服装款式相关的运动性能偏好选择等）。

具体来说，广府地区夏长冬短、潮湿炎热，因此服饰的吸湿吸汗、通风透气的功能性与美观的重要性相当，占据主导地位。在着装较为自由和个性化的现代生活中，穿T恤、光脚穿鞋等是广府地区大众承认并广为接受的着装习惯；同时，广府地区地处丘陵地带，步行费力、骑行不便，对服饰的运动功能性有更高的要求，运动鞋、双肩背包等成为常见服饰配品。与其他地区相比，广府地区的女性化浓妆较少，也与气候有关。

当然，作为近现代以来中国南部的时尚中心和世界时尚的灌输入口之一，广府服装服饰与全球时尚风貌、全国潮流风格基本同步，地区性特色是细微的，是在主体时尚中进行有限的取舍。影响广府服装服饰最大的因素还是内地主体文化（或称中央文化），近现代以来世界文化有同一的趋向，广府文化也裹挟其中，不可剥离。

二、内地主体文化

公元前219年，秦始皇发动了南征百越的战争，约在公元前214年征服了南越和西瓯（广东、广西），岭南地区迎来了中原文化的注入和融合。史书记载当时大规模南下的中原居民主要有以下四批。

首先，秦始皇二十五年时，"使尉屠睢发卒五十万为五军"进攻岭南（《淮南子·人间训》），"虽然这次进兵惨败，但五路大军的几十万兵卒不可能全部被杀。"❶必有留在当地的幸存者。

其次，秦始皇"三十三年，发诸尝逋亡人、赘婿、贾人略取陆梁地，为桂林、象郡、南海。以適遣戍。"其中"南海"为广东。这批服役戍边的人人数众多，据记载在五岭屯兵的人数有五十万，大大增加了岭南地区的劳动力。特别值得注意的是这批人中的"捕亡人"是指曾经逃亡的人；"赘婿"是指秦汉时奴婢的一种，因就婚于主家之女，称"赘婿"，地位低下，被剃去头发，为服役戍边对象之一。"贾人"，即商贩。秦始皇三十四年，又贬谪治法不正的法官修筑长城和戍守南越。

这是最早进入岭南地区的中原人，他们带来了劳动力、生产技术和文化知识，开启了岭南文化的新纪元。甚至有人认为这批人的组成奠定了岭南人的社会风尚基础，比如岭南人的经商血统可能自这批人中的"贾人"传承而来。

第三批人是在南越平定后，秦始皇继续增派戍边军队，同时迁徙大量中原移民南下。《史记·南越列传》记载："秦时已并天下，略定扬越，置桂林、南海、象郡，以谪徙民，与越杂处十三岁。"《汉书·高帝纪上》记载："前时秦徙中县之民南方三郡，使之百粤杂处。"

第四批人是妇女。时任龙川县令的赵佗上书秦始皇，要求派三万名"女无夫家者"为士兵"衣补"，秦始皇后来派了一万五千名女性入南越。

在南越开国君主赵佗的得力政策下，中原先进文化在南越地广为传播渗透。耕作技术、冶铁制器、礼乐典章、文明教化、语言文字等文化，都为南越居民积极接受，汉越文化逐渐交融。在广州地区出土的南越国后期的墓葬文物中，铜铁器和陶器的特征、礼制、纹样符号等，均显示受到了中原文化的影响。

在随后的历史时期，如西晋时期、两宋时期，由于战乱和动荡，陆续有内地居民南逃岭南的移民潮，使岭南居民持续汉化。值得注意的是，移民的来源并不单一，而是来自中原、江南等不同地区。南越土著文化逐渐淡化，汉民族文化逐渐加强，来自内地的中华主体文化先后进入岭南这片土壤，新旧交替，与当地的土著风俗习惯、自然环境气候碰撞融合，形成了独特的岭南文化。

岭南文化根植于长期形成的中华文化价值观、习惯、惯例、行为规范和准则等文化要素之上。"仁、义、礼、智、信、恕、忠、孝、悌"等儒家个人修养规范和大

❶ 刘晓民. 南越国时期汉越文化的并存与融合 [J]. 东南文化，1999（1）：22–27.

广府裳音——近现代广府服装服饰的符号学研究

一统的国家观念、森严的等级制度、保守的伦理观念等，制约规范着岭南文化。在服装上，广府服饰的服制与全国服制体系始终一致，无论是官员的官服还是平民服饰，都与内地潮流相同，因此，研究广府服饰必须以中华服饰文化为依托和比较，在大同的背景上分辨小异。

三、海外文化

珠江三角洲地区长期以来有着较稳定的海外贸易，自先秦时期开始，岭南先民就在南海乃至南太平洋沿岸和岛屿开辟了以陶瓷为纽带的交易圈，开辟了著名的"海上丝绸之路"。"海上丝绸之路"，又称"海上陶瓷之路"，萌芽于商周，发展于春秋战国，形成于秦汉，兴于唐宋，转变于明清，是已知最为古老的海上航线。中国海上丝路分为东海航线和南海航线两条线路，其中主要以南海为中心，起点主要是广州和泉州。

唐代的"广州通海夷道"，是中国海上丝绸之路的最早叫法，是当时世界上最长的远洋航线。明朝时郑和下西洋更标志着海上丝路发展到了极盛时期。南海丝路从中国经中南半岛和南海诸国，穿过印度洋，进入红海，抵达东非和欧洲，途经100多个国家和地区，成为中国与外国贸易往来和文化交流的海上大通道，并推动了沿线各国的共同发展。

广州在唐、宋、清均为国际贸易的枢纽，即使在实行海禁的明末清初，广州亦是唯一的官方对外口岸，成为全国商贾货物集中出口的唯一城市和世界各国商船唯一的进口港，因而外贸及中外文化交流极为活跃。

柳宗元在《岭南节度使飨军堂记》记录了唐元和八年（813年）在岭南节度使摆设的宴会，"卉裳蟭（用毛做成的毡子一类的东西，织皮、网、兽毛织品）衣，胡夷蜑（中国古代南方少数民族）蛮，睢盰就列者，千人以上"。10世纪前期的阿拉伯历史学家和地理学家麦斯俄迭也记述："广府城人烟稠密，仅仅统计伊斯兰人、基督教人、犹太教人和火袄（xiān）教（拜火教）人就有二十万人。"❶有的学者估计，唐代中期名臣李勉做广州刺史时，广州每年来华的外国商人，至少也在80万以上。到了宋元两代，广州港仍旧是中国重要的对外贸易港口，城市建设发达，经济繁荣，"内足自富，外足抗中原。"财货之多"甲于天下"。❷

1757年，清朝政府颁布命令，仅保留广州作为唯一对外通商口岸。位于珠江边上的广州十三行成为清朝政府特许经营的专门商行。十三行口岸洋船聚集，几乎所有亚洲、欧洲、美洲的主要国家和地区都与十三行发生过直接的贸易关系。《19世纪

---

❶ 方豪. 中西交通史（上册）［M］. 上海：上海人民出版社，2008：258.

❷ 周智武. 唐宋广州的兴起及其城市饮食文化特征［J］. 南宁职业技术学院学报，2013（18）：8-10.

俄国人笔下的广州》中对此描述道："广州是个巨大的贸易城市，尤其值得外国人关注，在那里几乎可以看到各个国家的人。除了欧洲国家之外，那里还有大部分亚洲贸易国家的原住民，诸如亚美尼亚、穆罕默德教徒、印度斯坦人、孟加拉人、巴斯人等。"❶

　　鸦片战争后，广州在对外通商方面的绝对优势逐渐失落，上海、香港两地迅速崛起，并逐步取代了广州的龙头位置。但是在中国近代化的历程中，广州作为华南地区的中心城市，在政治、经济、文化等方面仍然具有较强的优势。由于毗邻香港，近代资本主义的新事物、新观点传入香港后，很快传入广州。广州人在日常生活、工商业经营、建筑设计、工艺制作、语言文字、文学艺术乃至思维方式和社会价值观念上，都率先学习西方的先进科技文化成果。种牛痘、西式医院和医疗技术、西式学校、新闻报刊、先进的铁路、航空技术等都最先出现在珠江三角洲地区。

　　在西方服装时尚的冲击之下，广府人近代以来在时尚上率先西化的事例颇多。张焘在《津门杂记》里说："原广东通商最早，得洋气之先，类多效泰西所为。"十三行时期，与西方人接触最早的买办们穿西装，戴墨镜和怀表，成为最早西化的一群人。"他们说洋话、用洋货、住洋房、信洋教，取一个洋名字，送孩子上洋学堂。"❷对社会价值取向产生了一定影响。洋布、洋袜、毛线衫、皮鞋、皮包等洋货也首先登陆广州，进入人们的生活。辛亥革命后，西关小姐率先在外出的时候穿起了裤子。1913年6月的一期《大同报》专门刊登了一篇题为《粤女学生之怪装》的文章，称她们"穿着猩红袜裤，脚高不掩胫，后拖尾辫，招摇过市"。❸

　　到了现代，特别是20世纪80—90年代，广东省作为改革开放的前沿阵地和"实验田"，广州以一贯的务实开拓精神，在诸多领域领全国之先。在文化领域，由于毗邻港澳，地缘优势明显，广东的时尚文化与流行音乐一度成为全国的风向标。全国的第一批服装零售批发个体户大多从广东进货，广东成为香港时尚文化进入内地的必经通道，世界时装通过香港、广东辐射，影响了全国。21世纪后，信息化、网络化使全球紧密地联系起来，呈现出同一的外在特征。在时尚方面，广州本土的服装设计公司每年到法国、英国、韩国、日本等地参加时装展，与国际时尚流行趋势保持一致，同时广州的服装品牌在国外发布、销售的情况也越来越常见。海外文化与本土文化正在逐渐出现水平相当、彼此受益的局面。

❶ 伍宇星. 19世纪俄国人笔下的广州［M］. 郑州：大象出版社，2011：27-28.

❷ 刘圣宜. 近代广州风习民情演变的若干态势［J］. 华南师范大学学报：社会科学版，2001（1）：76-83，90.

❸ 作者不详. 粤女学生之怪装［J］. 大同报（上海）. 1913，19（18）：55-56.

四、其他文化

（一）宗教文化

广州外临南海，内接中原，具有中国南大门的地理位置优势和包容开放的地域文化特色，是外来宗教海路入华的首选地、中外宗教文化交流的前沿地和岭南宗教文化的中心地。广州宗教种类齐全，佛教、伊斯兰教、天主教和基督教等外来宗教从西晋开始先后传入广州，加上中原南下的道教，对广府文化均产生了一定影响。

以天主教为例，天主教在广州的传播使广州人得以较早接触西方的科技知识。最早的宣教士罗明坚、利马窦在教堂展出的自鸣钟、天球仪、地球仪、光谱仪等，以及图书、建筑图册、世界地图等初步向广州人民展开了世界的全貌。❶十三行时期，来华的外国人中除了商人就是传教士。

再如基督教新教，最早的传教士马礼逊通过编辑出版汉语与英文字典，翻译出版圣经，为中外文化交流史提供了极大的方便，引发了"西学东渐"和"东学西传"。新教在中国广泛开设医院，开办学校，推动了西方医学和教育方式在中国的发展，对当时的社会产生了很大的影响。1872年，美国基督教长老会的那夏理女士创办真光书院，它是广州最早的教会学校，也是广州最早的女子学校（图3-2），❶1879年其胞兄又办安和学堂。1884年，富马利医生受美长老会差派来华传教办医；1899年，富马利医生创办了中国第一所女子医学院——广州女医学堂（1902年更名夏葛医学院），附属柔济医院和端拿护士学校。而夏葛医学院的优秀毕业生，如张竹君、梁焕真等，从事医疗工作之余，对外开设讲堂，筹办医院和学校，投身革命，创建广州基督教女青年会等。这些女性教育和工作机构赋予了女性新的社会身份，播撒了现代文明的种子，使更多女性群体从家庭走进社会。

进入20世纪后，基督教获得快速发展。广东省在1903—1919年大约有43个差会在传教，广州有20多个差会。全省差会总堂数目有127处，居全国各省首位。❷

宗教影响着人们对宇宙与自身的认识，也在潜移默化中影响着服装时

图3-2　1909年真光书院合影

图片出处：广东省立中山图书馆《老广州》，广州：岭南美术出版社，2009：194。

---

❶ 王丽英. 试论广州宗教文化的历史地位与滨海特色［J］. 广州大学学报（社会科学版）. 2015, 14（4）：91–96.

❷ 刘圣宜. 近代广州风习民情演变的若干态势［J］. 华南师范大学学报（社会科学版）. 2001（1）：76–83，90.

尚。西方和东方不同的宇宙观和世界观决定了各自的艺术形式不同——包括服装形制。东方传统的着装观念是遮蔽隐藏人体，弱化人体的生理结构。而西方的着装是立体式的，强调人体的比例与线条，裁剪方式也是解构式的。如果没有以基督教为根基的西方文化作为先驱，铺平道路，西式的生活方式和着装形式也很难被中国人接受。

（二）少数族群文化

广州还长居客家民系、潮汕民系等民系和少数民族、特殊群体等，一些群体在广府文化圈中在一段历史时期保留着自己的特色。《清稗类钞》对此描述说："粤女有三别，一为潮州，纤趾广袖，髻发如蜻，薄蝉簇鬓，行伛偻而步蹀躞，虽有佳人，大有西子不洁之概。一为嘉应州，垂发挽髻，蝶翅双鬓，绰约如懒装佳人，而双趺玉洁，尤饶殊姿。一为广州，修髻膏发，肤脂凝雪，曲眉脂唇，惟蹑履秃颈，殊少惊鸿游龙之姿。"但在长期的共同生活中，不同的民系和文化不可避免地发生了融合和归一。部分少数群体的服装服饰形制有明显的辨识度，而另一些则与广府本土习俗没有大的差异。在分析史料的时候必须对这些群体加以甄别。

1. 广州旗人

据《驻粤八旗志》记载：平定三藩之乱后，"康熙二十年廷议于广州设立驻防八旗汉兵三千名。是年康熙皇帝特命（王）永誉为广州将军，领京旗汉军甲兵三千，挈眷驻防广州"。康熙二十年，即1681年，初期来广州的旗人为汉军旗人，后来又派了1500名满族旗人驻粤。

为了避免旗人汉化，清廷规定，驻防旗人不得出城二十里，他们"生则记档，壮则当兵"，不得从事农、工商各业，唯赖兵饷为生，使他们局限于某种生活空间和思维之内，族群认同在此基础上得到固化。清廷宣称的所谓"恩养"政策，使他们对本民族的统治者产生认同。❶

驻防旗人对于汉族传统中限制妇女行动的习惯也有所取舍，宋代以来汉族妇女缠足的习俗，就没有被驻防八旗接受。据考查发现，驻防旗人后裔，仍以妇女不缠足为旗人与当地人的主要区别之一，如广州驻防旗人后裔说："满旗的妇女是天足，我们是在旗内通婚，不与当地人民通婚。"

"旗人一般衣服，都是清装，和本地人无大分别，但最特式的，他们的短衣或背心，衫的服装腰部，必横捆一不同色的布条，阔寸许，一望而知为旗人，所着的水鞋，面是厚布的，密缝榄核形线条，底是木的，密排铁钉，行时逼迫爽脆，一望而辨为满旗的人。女子服装，长袍蔽膝，袖阔盈尺。满旗头髻，多插横钗，汉旗则梳略长而尾翘的髻，不插钗。满旗天足，履不抽蹻，拖之而行，汉旗缠足，但多不作

（侧栏）广府裳音——近现代广府服装服饰的符号学研究

❶ 潘洪钢. 清代驻防八旗与当地文化习俗的互相影响——兼谈驻防旗人的族群认同问题［J］. 中南民族大学学报（人文社会科学版），2006，26（3）：59-63.

纤纤莲瓣。"❶

《驻粤八旗志》（〔清〕长善）记载："羊城
灯市，以旗人所制为最伙且又最工。人物、禽
鱼、花卉、器皿无一不备，多绫织或蒻草为之，
五色鲜妍，璀灿夺目。盖封印后兵有余闲，籍此
稍获赢余，为新岁款接亲宾之需，亦承平佳事
也。"驻防旗人所制花灯，成为广州一种特产，
是一种商品，也是民俗互融的表现，也是旗内风
俗对当地社会文化产生影响的一种表现。

民国1911年，广东宣告和平易帜，脱离清
朝统治，驻防广州的八旗官兵，取消驻防制度，
按照《关于满、蒙、回、藏各族待遇之条件》拟
好的规定，解散八旗兵丁，取消八旗制度，改编
为粤城军，1912年由军转民，定居广州。今天
仍有不少旗人后代在广州工作、生活。❶

图3-3　19世纪通草画中的旗人女子

图片出处：程存洁《十九世纪中国外销
通草水彩画研究》，上海：上海古籍出
版社，2008：135。

虽然广州旗人人数少，但作为清廷派遣的权力代表，在文化上有意识地与汉人
文化隔离，语言、服饰、饮食、生活习俗等在一定的时期内保留着原有的特色，仿
佛远在北京的政权在广州本土的投影。在近代很多影像资料中，也可见旗人服饰形
制的照片，因此，必须了解这一历史背景，才能更好地呈现近代广府社会全貌。如
图3-3选自19世纪的广州通草画，画中女子颈部的白色围脖（又称为围脖手帕、龙
华、凤琨）、箭袖、花盆底鞋都是满族服饰的符号。

2. 客家人

客家民系是岭南三大民系之一，最早亦可追踪至秦朝征服岭南融合百越地时期。
目前客家人在全球分布，人口约有8000万，广东本地约有2500万，占广东本地人
口的三分之一，主要聚集在惠州、梅州、河源、韶关等地。而在广州的客家人约有
200万，约占本地人口的十分之一。

客家文化体现为以儒家文化为根本，以移民文化和山区文化为特质。与广府的港口
文化、门户文化和集市文化不同，由于客家人的聚集地以山区为主，自然资源贫瘠，交
通闭塞，所以传统中原的儒家文化与祖先崇拜理念的传承较为突出。客家人勤于劳作，
持家简朴，一向有耕读传家的传统。在岭南地区的三大民系中，客家民系文化在语言、
建筑、饮食、服饰、戏剧、音乐、舞蹈、工艺、民俗等方面均有非常明显的特色。

❶ 苏光华. 八旗入羊城〔N〕. 羊城晚报，2012-08-18.

在服饰上，较有特色的是客家的蓝衫、围裙、笠嫲（凉帽）和冬头帕，客家人习性简朴，普通人家妆饰较少，服饰以有利于劳作为主，多有一些功能性的服装结构，且全部是天足，不缠足。

客家的传统服饰一般为上衫下裤，衫称"蓝衫"，又称"大襟衫"，裤为大裆裤。衫裤的款式与当时全国的长衫、裤子整体差别不大。因为长衫多使用蓝染的方法上色，所以以蓝色最为常见。

笠嫲（凉帽）用薄薄的篾片和麦秆编成，有两种款式。一种为传统的斗笠，男性常戴；另一种为中间掏空的平面状帽，边饰帽帘，是女性专用凉帽。凉帽遮阳避雨，在岭南地区非常实用。女性凉帽因为具有客家特殊的文化含义，在广府地区较为罕见，而斗笠在近代广府老照片中则常有出现。

在广府地区居住的客家人，与广府文化之间既有分化，又有融合。两个民系进入粤地的时间先后、居住地的环境差异、语言饮食的不同文化、理念和价值观的差异，使民系的气质和性格呈现出较大差异，但岭南地区普遍的宽容温和、广纳包容的特点，又使两个民系彼此和谐共生。在研究中，很难区分出占广府居民十分之一人口的客家人在服饰上与广府人有明显差别。服饰与社会整体的经济和生产状况有直接关系，脱离了自给自足、以耕作为主的山区生活，来到经济商贸繁荣之地定居的客家人，在服饰上也必然在很大程度上受到影响。

3. 潮汕人

潮汕民系也是岭南地区三大民系之一，系历代从中原南下福建后迁入广东潮汕地区的早期汉人后裔。广府文化为集市文化，客家文化为山地文化，潮汕文化则主要表现为海洋文化。潮汕民系经商理念很强，善于开拓，在东南亚地区往来经商，较多侨居异乡。韩愈曾在《送郑尚书序》中提到潮人在唐朝时就已到"悬隔海山"的"耽浮罗、流求、毛人、夷亶之州，林邑、扶南、真腊、干陀利之属"。

潮汕民系的手工艺精细，水平较高，潮绣、陶瓷、木雕、泥塑、剪纸、首饰等，都富有地方特色，驰名中外，艺术特色浓郁。然而在服装服饰上，与广府民系相同，由于地处文化交换中心，民系心态开放，很难形成固有的模式。值得一提的是潮汕的"潮公帕"，又称"潮汕水布"。潮汕水布是潮汕民间一种男子普遍使用的日常服饰用品，无论是在劳作中还是生活上，都发挥着很大的作用。由于在生活中使用非常广泛，水布与工夫茶、潮剧并称"潮汕传统三宝"。水布起初是潮汕地区所特有的，有资料显示由唐代的韩愈设计推广，后来逐渐由潮汕地区传到邻近的梅州、丰顺等地区，广州人也把这种布称为"潮州布"。据《潮州志》记载：古时"潮州妇女出行，则以丝巾或皂布丈余，盖头蒙面，双垂至膝，时而两手翕张，其有以视人状，甚可和此韩愈遗制，故名'韩公帕'"。

广府裳音——近现代广府服装服饰的符号学研究

在东南亚一带，也可见水布的广泛使用。在泰国历史上，也有泰国男子用水布来擦汗或者遮盖的资料；在柬埔寨，有一种传统的花格布，叫"格罗麻"（中文译为"水布"），不仅在规格大小、面料、图案上与潮汕水布相似，在用途上亦与潮汕水布基本相同。越南、柬埔寨、泰国、孟加拉、印度等国是海上丝绸之路航线上的主要国家，而潮汕地区是著名的侨乡，自隋唐时代开始，古潮州就成为海上丝绸之路的起点之一。因此，这些国家的水布或类似水布的方巾，有可能源自"韩公帕"。

4. 疍家人

疍家人，或称疍民，是我国东南沿海地区水上居民的统称，属于汉族。疍，同"蜑""蛋"，关于疍民（蜑民）的记载唐、宋时期皆有，宋朝周去非的《岭外代答》（卷3）对"蛋蛮"条更是有详细描述："以舟为室，视水如陆，浮生江海者，蜑也。"清光绪《崖州志》记曰："疍民，世居大蛋港、保平港、望楼港濒海诸处。男女罕事农桑，惟辑麻为网罟，以鱼为生。子孙世守其业，税办渔课。间亦有置产耕种者。妇女则兼织纺为业。"疍家分布在广东、广西、海南、福建等地，由于各地的地理环境不同，服饰存在着差异。即使在广东省内，粤中、粤东、粤西等地的疍民服饰文化也有不同之处，体现了自然环境对服饰形制的影响。与广府服饰文化关联较大的当属珠江流域与沙田区的疍民。

疍民在广府近代史上不可忽视。十三行时期，在广州、澳门和黄埔港之间交通多靠船只，疍家船成为生活在广州的西方人最熟悉的珠江交通工具之一（图3-4）。❶当时来华的西方人多对此有所描述，据相关文献记载，珠江疍民（主要是疍家船娘）虽然生活艰苦，但是爱好清洁，勤劳能干。例如，法国公使随员伊凡便在其《广州城内——法国公使随员1840年代广州见闻录》书中描述："一个船妇坐在船的前面，用高超的技术掌控着轻便的船桨……两个可爱的船家女随心所欲来引导我们看每一样东西。"另一位法国人奥古斯特·博尔热则记录道："这些船都建得十分牢固，以为乘客提供最大舒适为原则，通常两名妇女在撑船，一个划船，另一个既划船又掌舵。她们都长得非常漂亮，衣服整洁。"❷

近代也有不少关于珠江疍民的记载。近现代著名文字训诂学家胡朴安对疍妇的记载尤为详细，说她们"跣足波涛，不履袜，或男女同屐。男子冬夏止一裤一襦，妇人量三岁益一布裙，如是则女恒余布。"❸

据记载，当时广州河下的疍家人有数万人之多。1949年新中国成立之后，疍民

❶ 孔佩特. 广州十三行：中国外销画中的外商（1700—1900）［M］. 于毅颖，译. 北京：商务印书馆，2014：258.

❷ 陈曦. 18—19世纪西方人眼中的中国女性——以珠江疍家女为例［J］. 岭南文史，2016（1）：38–42.

❸ 杨秋. 从竹枝词看清末民初广州的社会风尚［J］. 民族文学研究，2004（3）：42–46.

图 3-4　外销画中的疍船

图片出处：孔佩特《广州十三行：中国外销画中的外商（1700—1900）》，于毅颖，译，北京：商务印书馆，2014：258。

得以上岸，到了1960年代逐渐融入岸上人的生活。但直到今天也仍有一些疍户人家维持着过去的生活习惯，生活在水上。

疍家人独特的"以水为陆"的生活环境和"以舟为室"的生活方式使他们的服饰简便而具有"亲水性"。❶近代珠江疍家服饰包括上装、下装、头饰、鞋履等属项。上装为大襟衫，下装为大裆裤。不裹脚，日常赤足，或着木屐。盘发髻，裹头巾，或戴草帽（图3-5）。面料采用棉、麻、蕉布等广东地区常见服饰材料。特别是薯莨布和蕉布，质轻、韧性好、耐水性能好，是广东的特色纺织物，便于就地取材。服饰颜色以黑、蓝等色为主。同时，疍民们在实践的过程中，发现了独特的染制红色布料的方法。据南方日报采访沙田疍民的报道，当时有一种叫"松仔树"，摘取松籽果后，将乌红色的汁液从籽里压榨出来，将衣服放在乌红色的汁液里浸泡、染色、蒸煮、晾干，重复三四次后，就能染出鲜艳的红色。在19世纪初寓居澳门的画家乔治钱纳利的画作中，常常出现带着红色头帕的疍家女。头帕为大小约2.5尺×2.5尺的方布，

图 3-5　乔治·钱纳利（1767—1816）画作"濠江渔女"

图片出处：孙淑燕《近现代澳门女性服饰的演绎研究》，广东：广东工业大学，2017：17。

❶ 吴水田，陈平平. 广东疍民服饰文化景观的"亲水"个性及其演变［J］. 广州大学学报（社会科学版），2013，12（7）：93-97.

广府裳音——近现代广府服装服饰的符号学研究

布的四边以红、蓝、绿等各种颜色的丝线绣成小斜三角，称为"九牙津头帕"，又叫作"狗牙布"。草帽叫作"大盖帽"，为一种上高下宽的筒式竹编斗笠，体积较大，圆弧尖顶，帽檐下垂，与眼睛齐平。涂以金光油亮的海棠油，使其不进雨水，既可挡风又能遮雨。以绳带牢固地从帽檐两侧系在下巴处，可以解放双手撑船掌舵，不影响劳作。

疍民的主体服饰形制与岸上居民相同，差异体现在服装长短的量度变项和相对变项上。疍家的大裆裤短过足踝（有些裤长至小腿中间），从环境的适应性上看，裤子短有利于水上作业。❶同时，舟船生活身体运动幅度大，而船上生活空间局促，疍民常需弯腰出入、盘膝而坐、前后摇橹等，宽松肥大的服装和较短的裤子对这样的日常活动具有很好的适应性。

除了以上的少数族裔和其他民系之外，近现代广州还有回、瑶、满、畲、蒙古、藏等少数民族，以及从外貌上与本地人无法辨别的韩国、日本等国外居民。例如，亨特在《旧中国杂记》里记录了在十三行的商馆附近的舟艇中，有一种舟艇与众不同，"艇上住的人穿的衣服大体与汉人相似，但衣袖和裤腿都比较宽……他们的头发没有薙掉，在头顶挽成一个发髻，用长长的骨针插起来。粗粗看去他们很容易被误认为汉人，但仔细些观察，他们的外貌与汉人是不一样的。他们颜面黝黑，举止温和，性格驯良……得知他们来自广西和湖南的山区，属于一个鲜为人知的部落……他们告诉我们他们是'苗子'（即苗人）。"

第四节　广府的粤布文化与服饰风格

一、粤布文化

独特的地理环境和种类繁多的植物、矿物使岭南地区有着丰富的纺织与染色原料来源。《南越笔记》中说："粤布自《禹贡》始言，迁、固复言。官其地者，往往以为货赂。"《禹贡》为《尚书》中的一篇，可见早在春秋时期就有关于粤布的记载。勤劳的岭南人善于就地取材，利用当地盛产的纤维材料制成了各种纺织品，加上特色植物染料和染整工艺，形成了独具区域特色的岭南制布文化。《汉书·地理志》云：

---

❶ 吴水田，陈平平. 广东疍民服饰文化景观的"亲水"个性及其演变［J］. 广州大学学报（社会科学版），2013，12（7）：93-97.

"（粤地）处近海，多犀、象、毒冒、珠玑、银、铜、果、布之凑，中国往商贾者多取富焉。"师古注认为，岭南番禺都会集散的布类商品"谓诸杂细布皆是也"，反映当时岭南的纺织品有多种不同的产品，发达的纺织制布文化作为重要的贸易商品之一，使广府地区与繁荣的中原地区比肩而立。❶岭南的布品独具特色，工艺精湛，外观精美，麻布、葛布、各种丝绸面料、木棉布等在历史上一直被公认为名品向朝廷上贡。

在岭南特色纺织品中，史料记载最多、使用最广泛的织物有蕉布、葛布、麻布（夏布）、竹布等，还有以薯莨染色和晒莨染整方法为特色的莨纱（香云纱）、莨绸（黑胶绸）和薯莨布。这些植物纤维所制的织物普遍具有"轻、薄、透、爽"的特点，适应岭南地区的湿热气候。

（一）莨纱

据《中国大百科全书·纺织卷》释义，莨纱又称香云纱，是表面乌黑光滑、类似涂漆且有透孔小花的丝织物，属于丝绸织物品种里的"纱"类，是高档丝织物。它用桑蚕丝作经纬线，在平地纹上以绞纱组织提花织成胚绸，经晒莨工艺制作而成，因穿其所制成衣，行动时会沙沙作响而称之为'响云纱'，后又以其谐音美称之为'香云纱'。据研究，莨纱的出现应在民国之后（民国4年，即1915年），原产于顺德。其特点是防水性强且容易散发水分，不易起皱，富有身骨，除菌驱虫，宜制各种夏季便服、旗袍，穿着凉快滑爽，耐穿易洗。与莨绸相比，更加轻薄透气，适合夏季穿着，但由于是绞纱组织，织造成本较高，所以产量小、价格高。

（二）莨绸

莨绸，又称黑胶绸或拷绸，与莨纱的原料、染整方法相同，性能特征类似，但坯布为平纹织物，属于丝绸织物品种里的"绸"类。莨绸的出现早于莨纱，最早的记载是同治十年（1872年）《番禺县志》载："薯莨，市桥始用以染绸，近又多用稔子树擂胶充染以为当暑常服。"如以史料作为依据，则比莨纱至少早了40余年。与莨纱相比，莨绸组织紧密，透气性不好，夏季穿着闷热，但适合在其他季节制衫。

（三）其他薯莨布

莨纱和莨绸属于丝、绸织物，价格昂贵，是中上层社会的衣料。下层百姓常穿用的是以丝织物中较为廉价的绢布，以及棉、麻等相对廉价织物为坯布晒莨的衣物。薯莨布的出现远早于莨绸、莨纱，清代多有关于薯莨染布的记载。清康熙三十九年（1700年）屈大均在《广东新语》（卷15）记载了一种渔民穿着的用薯莨染色的"氎布"。

广府裳音——近现代广府服装服饰的符号学研究

❶ 谢崇安. 略论百越民族及其后裔的葛织工艺［J］. 贵州民族研究，2012，33（146）：84.

"又有矕布，出新安南头。矕本苎麻所治。渔妇以其破敝者剪之为条，缕之为纬，以棉纱线经之。煮以石灰，漂以溪水，去其旧染薯莨之色，使莹然雪白……絮头以长者为贵。摩挲之久，葳蕤然若西毡起绒，更或染以薯莨，则其丝劲爽，可为夏服。不染则柔以御寒……谚曰：以矕为布，渔家所作，著以取鱼，不忧风飐。小儿服之，又可辟邪魅，是皆中州所罕者也。"可见，矕布是以旧的破敝苎麻渔网为纬、棉线为经，重新织就并褪去原染薯莨色的布料。❶

薯莨布包含的面料品种较广，到了20世纪70年代，电力纺、细花绸等品种也可用来晒莨，90年代末又扩大到双波缎、印花绸等。

关于穿用薯莨布的记载广泛出现在清代光绪年间，可见薯莨衫在广府地区真正普及是在19世纪中期以后。清光绪年间张心泰在《粤游小识》里曾记载薯莨："近年又以此草染酱色，织为衣裤著之，闻綷縩声。广人无论牙郎马走黄童白叟，无不著之，取其轻便。"清满族人杏岑果·尔敏于同治八年（1870年）任职广州，八年后离开，留下了一首"土人爱著薯莨绸，赤足街前汗漫游；脖上横缠粗辫子，手挥雅扇细潮州"的竹枝词。郭沫若在散文《创造十年续编》（1938年1月）中写到他1926年来访广州："但是有一种景象觉得比任何名画家的圣母玛利亚还要动人的是那些穿着黑而发亮的香云纱、驾着船、运着货物的很多的女人……"直到五六十年代，薯莨衫都是广州人最爱的服饰。戴胜德在散文《云想衣裳花想城》中回忆他五十年代移居广州的情景："广州人衣着基调黑白，黑的胶绸，在上海叫香云纱；白的府绸，似乎是绫缎吧。"

（四）蕉布

蕉布是以麻蕉（或称"蕉麻"）的茎皮纤维制成的布料。麻蕉在岭南山区遍地生长，是取之不尽的纺织原料。白居易曾称赞"蕉丝暑服轻"，蕉布质地极轻，适合热带地区穿着，故屈大均在《广东新语》中说道："广人颇重蕉布。"蕉布最早在文献中出现是在东汉年间，杨孚《异物志》："芭蕉，叶大如筵席，其茎如芋，取镬煮之为丝，可纺绩，女工以为絺绤……"唐、宋、清代对蕉布均有记载，唐代时蕉布曾作为贡品向京都进贡，直至清代蕉布生产仍具有一定规模。但蕉布性脆，一年即发黑，不易保存，且不结实，织造不易。屈大均曾做《蕉布行》感叹："蛮方妇女多勤劬，手爪可怜天下无。花练白越细无比，终岁一匹衣其夫……"到了近代，随着洋布大量输入，蕉布几近绝迹。

（五）麻布（夏布）

麻多产于湿热的南方，麻布质轻，干爽透气，适合在炎热的夏季穿着，因此麻

---

❶ 廖菲. 香云纱起源的史料考证［J］. 广东蚕业，2011，45（4）：38-41，44.

布又被称为"夏布"。同时，麻布的出现和普及早于棉布，是古代最常见的面料，所以人们常将"麻衣"称为"布衣"。

考古与文献均有记载，麻布是古南越人的衣料之一，屈大均在《广东新语》中也说道："古时无木棉，皆以细麻为布，唯粤之苎则自上古已有。"历朝以来，麻布对于平民的意义远超过其他面料，特别是对于广府地区来说，早时棉布生产工艺不发达，面料偏厚，不适合在热天穿着，而丝绸面料昂贵，平民无法消费，只有麻面料麻纤维取材方便，加工性能好，穿着性能优良，风格朴实，最宜穿用。封建服制体制多以布料作为区分不同社会阶层的手段，以着"布衣"作为平民百姓的服饰面料符号。《后汉书·礼仪志下》："佐史以下，布衣冠帻。"历史文献和文学作品中常以"布衣"作为平民的称代，如《荀子·大略》："古之贤人，贱为布衣，贫为匹夫。"诸葛亮在《出师表》中也称自己为"布衣"。

（六）葛布

葛布是用藤本植物的茎纤维织成的布料，质地细薄，吸湿散热性好，适合做夏季服装，因此也与麻布一样，被称为"夏布"，在岭南地区同样广受欢迎。

据考古考证，葛藤纤维是我国最早的纺织纤维来源，葛布是我国最早出现的纺织品，也是中国最早的服用材料。《诗经》多处以葛藤及其制品为描述对象，证明葛藤在商周时期已经被广泛应用到人们日常生活中。❶如《诗经·周南·葛覃》有"葛之覃兮，施于中谷，维叶莫莫。是刈是濩，为絺为绤，服之无斁"的描述。

由于葛衣是单衣，质地过于舒松和轻薄，又属于一种夏季穿着的普通服装，所以按当时着装礼仪规定，出入一些庄重场所时，必须加穿外衣，避免不恭敬。如《礼记·玉藻》中就有"振絺绤不入公门，表裘不入公门"的提法。

葛布可分为粗葛和细葛，细葛布薄如蝉翼，工艺要求高，费时费工，价格较贵，价值很高。如增城的女葛，"粤之葛，以增城女葛为上，然恒不鬻于市。彼中女子终岁乃成一匹，以衣其夫而已……丝缕以针不以手，细入毫芒，视若无有。卷其一端，可以出入笔管。以银条纱褪之，霏微荡漾，有如蜩蝉之翼。"（屈大均《广东新语》）雷州葛布也富盛誉，价格昂贵："百钱一尺，细滑而坚，颜色若象血牙。"

葛藤生长周期长，加工手段与环节繁复，到了近代，由于受到生产过剩、资源减少和棉织业日益发达等因素的影响，传统的葛织手工业逐渐走向了衰落。清人孙枝蔚《苦雨》诗云："絺绤虽贱人不买……"，记录了葛布在近代被淘汰的情况。

（七）竹布

竹布是以竹为原料的布料。岭南竹多，人们衣食住行皆取竹佐用。苏轼在《记

❶ 冯宪. 葛藤纤维——我国最早的天然服用纤维材料［J］. 浙江纺织服装职业技术学院学报，2016（1）：48.

岭南行》中说："岭南人，当有愧于竹。食者竹笋，庇者竹瓦，载者竹筏，爨者竹薪，衣者竹皮，书者竹纸，履者竹鞋，真可谓一日不可无此君也耶！"李贤注《后汉书》中引沈怀远《南越志》说："蕉布之品有三，有蕉布，有竹子布，又有葛焉。"可见竹布曾与蕉布、葛布同为岭南土布品种。

竹子制布，早在东汉杨孚的《异物志》中就有记载，晋朝戴凯之在《竹谱》中也记述了广府人煮竹做布的信息："笆竹，广州平乡县有此竹，土人煮以为布。""土人取嫩者锤浸纺绩为布名竹疏布。""岭南夷人取其笋未及竹者，灰煮以为布，精者如縠。"縠是质地轻薄纤细透亮、表面起皱的平纹丝织物也称绉纱，可见当时的织造技术已可以使竹布像绉纱一样精致。因此，唐代时竹布曾作为贡品上贡。元明清等时期有关竹布的记述也不绝于笔端。

竹布天然抗菌、抑菌、防螨、防臭、透气、吸水，具有良好的纺织品性能。与蕉布、葛布在近代绝迹的命运不同，竹布进入了近现代纺织技术的研发视野，早在19世纪50—60年代就投入纺织服装业应用。随着提炼、降解、脱脂、高温处理等技术的不断发展，竹纤维制品的精度、纯度、柔韧度及穿着舒适性不断提高，现代竹布的使用范围越来越广。

（八）木棉

现代使用的棉为草棉，宋元年间在岭南逐渐普及开来，另一种树棉在南北朝时经东南亚传入海南，至唐宋时，广东一带已渐盛行。[1]然而在此之前还有一种纺织材料，是岭南人利用当地常见的木棉树（又叫"班枝树""攀枝树"）的花絮，用来作为絮料填充物，在天冷时保暖。晋代顾微所写的《广州记》中提及："蛮俚不蚕，采木绵为絮。"纺织成的织布，现代以为是棉布，其实有所混淆。[2]木棉花的纤维光滑无卷，需人工加捻，将纤维连接起来，费时费力，且不牢固，织物易破裂。同时，木棉花絮完全不吸水，久穿容易产生各种皮肤病。清人谢舱的《木棉辨》说："土人言棉性有毒，抽丝脆弱，易断难续。即裪褥亦不可用，有风湿人卧之，成癞成疯也。"但班枝花布幅宽色白，有一定的外观审美性。后汉书曾记载汉武帝末年，地方官孙幸征调广幅布进贡引发民众反抗的事。草棉与树棉传入我国后，木棉的纺织用途逐渐被淘汰遗忘。

（九）混纺制品及其他布料

麻、丝、棉等各种原料搭配混纺，加以岭南特色的织染、整理工艺，也出现了不少服用性能优良的特色纺织品。屈大均《广东新语》、李调元《南越笔记》中皆有记录："黄白曰苎，麻有青、黄、白、络、火五种。黄白曰苎，亦曰白绪。青络曰麻，

---

[1] 陈峰. 广州历史上的木棉 [J]. 农业考古，1986（2）：388-389.

[2] 赵冈. 历史文献对班枝花与木本亚洲棉的混淆 [J]. 农业考古，1996（3）：30.

火曰火麻，都落即络也。马援在交趾，尝衣都布单衣。都布者，络布也。络者，言麻之可经可络者也。其细者当暑服之，凉爽无油汗气，炼之柔熟如椿椒茧绸。可以御冬。新兴县最盛，估人率以绵布易之。其女红，治络麻者十之九，治苎者十之三，治蕉十之一，纺蚕作茧者千之一而已。又有鱼冻布。莞中女子以丝兼苎为之，柔滑而白若鱼冻，谓纱罗多浣则黄，此布愈浣则愈白云。外有藤布、芙蓉布，以木芙蓉皮绩丝为之，能除热汗。又有罾布，出新安南头。罾本苎麻所治，渔妇以其破敝者剪之为条，缕之为纬，以绵纱线经之，煮以石灰，漂以溪水，去其旧染薯莨之色，使莹然雪白……"文中说到都布为络布，为网状的麻布，织造精细的都布在夏季穿着"凉爽无油汗气"，整理后又能像绸缎一样柔软，可以御冬；另外，"鱼冻布"是丝和麻混纺的布料；藤布芙蓉布以木芙蓉皮为原料；罾布是麻与棉混纺的布料。

（十）染色资源

岭南的植物染色资源也非常丰富，有"都捻子"（红色染料）、郁金（黄色染料）、槐蓝（蓝色染料）、杨梅皮、薯莨（黑色染料）等，其中薯莨染色最负盛名。薯莨染色最早的史料记录见于北宋沈括《梦溪笔谈》："赭魁南中极多，肤黑肌赤，似何首乌。切破中赤白理如槟榔。有汁赤如赭，南人以染皮制靴。"岭南人通过长期的生活经验和试验，在用薯莨汁对各种布料进行染色的过程中，又发明了晒莨工艺，在染色后用河涌塘泥涂抹，再经过日晒，形成了特色织物染整工艺。用这种工艺染织的各种薯莨布性能非常适合岭南地区气候，从清末起至20世纪50—60年代是广府地区最常见的服饰原料，形成了非常有特色的地区服饰风貌。

二、简装文化

广府民系的服装服饰文化本质上是热带亚热带地区的生存适应文化。广州人"讲吃不讲穿"的特点是早已公认的。早在民国时期记者郁慕侠就写到，街上的裁缝铺"大都标着'某某苏广成衣铺'，苏者指苏州，广者指广东。其实苏州人讲究衣着，确为实在情形，广东人却注重'食''住'两项，衣着上并不考究。"[1]在清代的时候，袍服形制上下一致，材质的贵贱与经济有关，不重穿着的特色还不明显，到了20世纪初清末的时候，社会风气放开，人们的自由度增加，粤装率先体现出选择的自主性，女子穿衣、裤出行，"短衣及腰，两裤露股。"受到了文化保守分子的批评，认为"粤装最为不文而劣"（康同璧，《中国复古女服会章程及序》，1909年）[2]

粤装在各大城市中不是最时尚艳丽的，但别有自己的态度。民国初年，在服装时尚上，"京津仍循宽博，沪上独尚窄小，苏杭守中庸，闽与浙类，汉效津妆。"只

❶ 转引自周松芳. 民国衣裳［M］. 广州：南方日报出版社，2014：178.
❷ 同❶180.

广府裳音——近现代广府服装服饰的符号学研究

有广东"独树一帜，衣袖较短，裤管不束，便利于动作也。"（屈半农，《近数十年来中国各大都会男女装饰之异同》）❶民国时期，也是广州女学生率先穿着"裤不掩胫"、露出脚踝的裤子外出，引起了社会的争议。

比较上述的两篇资料，可以发现粤人的时尚是简装时尚，他们选择的服装特点是短、松、透、薄，这是基于湿热的自然气候而产生的适应性选择。在广州生活过的人对气候与时尚的关系有切身感受。康有为说："广州地近温带，气候常暖，所谓四时皆是夏，一雨便成秋也。极冷时，仅需衣棉。"清代礼教严格，无从选择，到了清末民初，一旦风气开放，选择服装的行为就体现出了趋利性。长期来看，气候问题使粤人将服饰的审美性排在舒适性之后，但并不能因此认为广州人不讲究服装美。广州人体现出的审美观是热带亚热带地区的审美观，环境使广府人对服装的材质、款式和颜色有着特殊的偏好。

三、跂屐文化

木屐是我国隋唐以前的常见鞋履，汉代时最为兴盛，自宋代以来，多在雨天、泥地里穿着。木屐最适应湿热多雨的地区，因此在岭南地区尤其普遍，人们或跣足，或穿木屐。由于不同阶层的人对木屐都非常喜爱，因此出现了不同地区特色、不同档次的木屐，发展成为木屐文化。

清代屈大均《广东新语》记称："今粤中婢媵，多著红皮木屐。士大夫亦皆尚屐。沐浴乘凉时，散足著之，名之曰'散屐'，散屐以潮州所制拖皮为雅，或以木包木为之……新会尚朱漆屐；东莞尚花绣屐，以轻为贵。"美国人亨利在《旧中国杂记》中记录十三行的行商穿着黑缎靴子，"有厚厚的、雪白的软木鞋底，走起路来一点声音都没有。"❷《清稗类钞》也说到粤人喜欢穿木屐的现象，书中说全国各地都是下雨天的时候穿木屐，福建也是，只有广东人不然。"粤人则不论晴雨，不论男女，皆蹑之。"

直到1970年代，木屐仍然是平常百姓居家最常穿的鞋子。现代作家黄爱东西在其散文集中曾回忆道："记得在七十年代初，我的渴望之一仍然是一双小木屐……"❸

跣足穿鞋也是粤人的特色，清代李调元《南岳笔记》中说："粤人妇女尚高髻短裙，春时以踏青斗草为戏。非士大夫家，大抵足皆不袜。"有竹枝词曰："爱着陈村高齿屐，双跣光洁白如霜。"民国时也有记载："几身短衫裤，一双木屐，男女人们几乎可以整年穿着……袜子好像可以不必穿。"❹到了现代，穿皮鞋或运动鞋而不穿袜

❶ 转引自周松芳. 民国衣裳［M］. 广州：南方日报出版社，2014：181.
❷ 亨特. 广州番鬼录·旧中国杂记［M］. 冯树铁，沈正邦，译. 广州：广东人民出版社，2009：434.
❸ 黄爱东西. 老广州——屐声帆影［M］. 重庆：重庆大学出版社，2014：49.
❹ 亦英. 羊城琐话［J］. 申报月刊，1935，4（9）：78-81.

也是粤式时尚之一。

　　生活拮据的下层劳动人民多无鞋可穿，直接赤足劳作。在近代很多资料上都有赤脚的穷苦百姓形象。

四、花饰文化

　　广府地区盛产花卉，广州的花文化异常发达。在清代的时候，花卉是女性们最欢迎的饰品，一取其美，二取其香。1877年，广州地区举办了有史以来最大规模的以竹枝词为命题的征诗活动。在上百首竹枝词中，描写最多的除了河岸生活，就是花生活。例如：

　　倪鸿（番禺人）："茉莉满船灯满海，琵琶声里酒人多。"

　　梁芳田（顺德人）："恰并素馨千朵雪，一齐飞落鬓边鸦。"

　　周隐琴（顺德人）："素馨花插鬓云香，惹得游蜂逐队狂。"

　　邓显："素馨花贩担头轻，一路香风送入城。蝉鬓晓妆梳未必，隔帘唤住卖花声。"

　　廖获庄（顺德人）："素馨茉莉竞新妆，宝串堆围鬓两旁。"

　　陈嗣容（东莞人）："珠江江上踏摇娘，茉莉花时满鬓香。

　　词中描述了花农每早挑担进城卖花，妇女们买花簪发的习俗。其中提到最多的素馨花在明清两代曾是广州最常见的花种。清初文人屈大均在《广东新语》中说："珠江南岸，有村曰庄头，周里许，悉种素馨，亦曰花田。"《广州志》云："城西九里曰花田，弥望皆种素馨花。"但清末以后，随着外国花种引入，素馨花逐渐淡出人们的生活。

　　然而人们戴花的习惯断断续续一直保留到解放初。戴胜德在散文《云想衣裳花想城》中回忆他五十年代初到广州，看到广州女子"着漆色的木屐，如同当今的高跟鞋……扣子处别一朵白兰花，娉娉婷婷地走在街上。"到了现代，各种价格的首饰和香水满足了人们装扮的需要，戴花的习惯完全消失。

第四章
清朝后期广府服装服饰符号与分析
（1840 — 1900 年）

　　进入19世纪的中国已经度过了两千多年的封建君主统治历史，如果没有受到西方文明的严峻挑战，情况会是怎样？梁漱溟曾对此评论道："我可以断言，假使西方化不同我们接触，中国是完全闭关与外间不通风的，就是再走三百年、五百年、一千年也断不会有这些轮船、火车、飞行艇，科学方法和德谟克拉西精神产生出来。"❶在服制上，"在满清三百年的统治下，女人竟没有什么时装可言……从十七世纪中叶直到十九世纪末，流行着极度宽大的衫裤，有一种四平八稳的沉着气象。"❷

　　而此时英、法、美等国在工业革命的助力下迅速崛起，工业产量急剧上升，资本主义不断扩张，驱使资产阶级奔走于全球各地，急切寻找新的资源及产品销路。中国作为一个幅员辽阔的大国，成为殖民主义者选择的理想目标。1840年，第一次鸦片战争爆发。广州作为当时唯一的通商口岸处于中国与外国贸易者接触的最前沿地带，是近代外国人接触中国最多的地方，是外国商品进入中国最早的城市和进口转内销的始发点，也是中国人距离西方文化最近的地方。19世纪的广州经济繁荣，商贸活动活跃，城市生活丰富。同时特殊的地理位置和历史地位又使广州在政治、社会与文化上的震荡开全国之先端，成为大局势演变方向的缩影。

❶ 梁漱溟. 梁漱溟全集（卷一）［M］. 济南：山东人民出版社，1989：392.
❷ 张爱玲. 更衣记［J］. 古今，1943，36：25—29.

第一节　清朝后期广府服装服饰的影像与文字资料

　　记录清朝后期广府服装服饰情况的资料主要是画作和文字，18世纪后期出现了一些照片。其中通草画和十三行外销画最直观地反映了当时的社会风情和服饰。画作、文字、影像等资料显示，19世纪整体广州服装服饰形制与内地并没有大差异。

一、通草画

　　通草画是画在通草纸上的水彩画，由广州画师绘制，在19世纪盛产，主要用于出口。通草画描绘了清末的社会生活场景和各种人物，是近现代服饰研究的重要参考资料之一。通草画兴起于1820年左右，到1880年达到巅峰，绘画内容包括官员出行、富裕人家内宅、街头买卖、游行玩乐、养蚕纺织、文人墨客等，题材十分丰富。从画作来看，人物姿态各异，动作自然，表情生动，场景完整，细节入微，衣饰精细，与照片等图像资料彼此印证，被公认为具有"广为人知的准确性"。[1]另，广州画师绘制的人物场景取材必然受当地风土人情的影响，因此在较大程度上可认为是以广府地区为代表的岭南人物风情画卷。

　　图4-1选取了通草画中有代表性的几位女性形象。从图4-1（1）描绘的场景看出，画面中间的女性是一位富裕人家的女眷，她似外出归来，上穿大襟衫，下穿马面裙，小脚弓鞋；领口、袖口、底摆镶滚精致，马面裙图案典雅繁复，袖口露出一层假袖口；她身后的应是仆人，衫裙颜色较朴素，没有什么装饰，脚穿高底木鞋；面前的应是女儿，在衫外加穿了马甲，也穿高木底鞋。

　　值得注意的是，图4-1（1）与图4-2描绘的是同一户人家，这个女性正在观棋，此时她的马面裙已经脱掉，露出了脚口也有镶滚边的裤子。很多资料显示，女性外出时把裙子罩在裤子上，可见马面裙是一般上层妇女外出的服饰。

　　图4-1（2）为街头卖花的女子，身穿大襟衫、大裆裤，领口有滚边，挽袖口，袖口没有图4-1（1）那么宽大，天足赤脚。

　　图4-1（3）（4）的妇女正在养蚕，同样是大襟衫和大裆裤，图4-1（3）中的妇女用背带把孩子背在背后，是岭南妇女带孩子常见的背法，图4-1（4）中的妇女袖口略紧，从腰上垂下腰带，这是19世纪中期（同治年间）开始兴起的时尚，无论穿裙还是穿裤，系长约一丈余的绸裤带，带宽一丈或数丈，带端有绣纹，腰带系后垂至膝下。

---

❶ 孔佩特. 广州十三行：中国外销画中的外商（1700—1900）［M］. 于毅颖，译. 北京：商务印书馆，2014：10.

（1）富裕人家女眷图

（2）卖花女图

（3）养蚕母子图

（4）养蚕妇女图

图 4-1　19 世纪通草画中的女性形象

（1）图片出处：中山大学历史系，广州博物馆《西方人眼中的中国情调》，北京：中华书局，2001：136。
（2）图片出处：中山大学历史系，广州博物馆《西方人眼中的中国情调》，北京：中华书局，2001：120。
（3）图片出处：程存洁《十九世纪中国外销通草水彩画研究》，上海：上海古籍出版社，2008：148。
（4）图片出处：中山大学历史系，广州博物馆《西方人眼中的中国情调》，北京：中华书局，2001：150。

图4-2是一家富户内宅的景象，画中的两位男性头戴瓜皮帽，左侧男子身穿长衫，右侧男子穿短衫加裤子，两人皆穿外套背心，白袜黑鞋，鞋上有绣花。可以看到男式衫与女式衫不同，女式大襟衫虽然领圈很低，但有领，而男式长、短衫一般为无领。

图4-3为一家学堂的习武景象，男童皆穿着短衫宽裤，赤脚穿鞋。在右侧观看的大人中，左边第一位成年男性身穿交领斜襟的衣服，在通草画中非常少见，似是道士一类的特殊人士；第二位成年男性身穿对襟短衫，大裆裤，裤脚绑起，上衣为对襟，纽扣密集，应是习武装。《广东满族史》记载过一种"练武装"："还有一种上衣是扎袖、密纽扣、对胸型，下衣是索带裤、束裤脚的'练武装'。"❶与这位男性的穿着恰好印证。第三位成年男性身穿琵琶襟短衫，大裆裤，白色绑腿高至膝盖；最右侧的成年男性身穿圆领长衫，应为文士。

图4-4为街边小贩，从通草画中可以看出，平民男子服饰非常简单，一般为圆领斜襟短衫和大裆裤，跣足或穿布鞋。

图4-5为文人形象，文人一般穿圆领斜襟长衫。

图4-6为卖花男子，头戴尖顶斗笠，穿短衫、短裤，跣足，腰上挂着腰包。

图4-2　19世纪通草画中的富户内宅场景

图片出处：中山大学历史系，广州博物馆《西方人眼中的中国情调》，北京：中华书局，2001：137。

❶ 汪宗猷，李国.广州满族的风俗习惯［J］.广州研究，1985（1）：58-61.

图 4-3　19 世纪通草画中的学堂场景

图片出处：中山大学历史系，广州博物馆《西方人眼中的中国情调》，北京：中华书局，2001：124。

图 4-4　19 世纪通草画中的街头小贩

图片出处：中山大学历史系，广州博物馆《西方人眼中的中国情调》，北京：中华书局，2001：118，120。

图 4-5　19 世纪通草画中的文人

图片出处：中山大学历史系，广州博物馆《西方人眼中的中国情调》，北京：中华书局，2001：113，114。

图 4-6　19 世纪的卖花男子

图片出处：黄时鉴《十九世纪中国市井风情三百六十行》，上海：上海古籍出版社，1999：53。

二、其他画作

　　图 4-7 描绘了 19 世纪 20—30 年代十三行的街景：画中左侧在牌坊下走过戴着高高的礼帽的应是英国人；最左端结伴而行的两个人裹着头巾，穿着长袍和哈伦裤，

广府裳音——近现代广府服装服饰的符号学研究

图 4-7　19 世纪广州画师外销画《十三行同文街入口》(部分)

图片出处：孔佩特《广州十三行：中国外销画中的外商（1700—1900）》，于毅颖，译，北京：商务印书馆，2014：128。

应是印度或波斯人；最右侧戴着银色假发的两个人似是美国人。值得注意的是，在画面中间穿着大襟衫裤的中国妇女宽大的袖口高高挽起，露出手臂。这种挽袖既凉爽，又便于劳动，客家大襟衫很长时间都保留了挽袖的特点。贵族和上层妇女的大襟衫也有挽袖，但她们的挽袖以丝绸为底部，绣上各种植物、风景或昆虫图案，纯以装饰为目的。

　　从图中所有女性整个小臂露出的情况可以看出，对于广府平民来说，在高热地区尽可能保持穿着凉爽的要求对礼制规定有一定的抗衡作用。远隔政治中心的地理位置，加上最早与异域文化长期接触，使广府的封建制度约束力弱于内地。因此到了民国时期，一旦社会约束力松动，广府服饰率先而动，尝试各种新鲜事物，最终保留符合区域气候的服装款式。

　　图 4-8 是珠江艇户的服饰，与岸上居民一样，艇户上的女性也是大襟衫裤的衣着，但衣衫简单，没有任何装饰。值得注意的是，画面前端的女性戴着手镯，画中的女性都有耳饰，可见耳饰、手镯等首饰在 19 世纪的时候是基本服饰品。

图 4-9 的男性是商店店员，穿着蓝色圆领长衫，深色裤子，正在绑腿。绑腿其实是一种对服装的改良穿法。长衫底摆肥大，裤脚也宽大，行走起来衣摆和裤侧兜碰擦，十分不便，用绑腿把裤脚绑起来能使动作轻快便利。

图 4-10 的男性是一位与外国商人贸易的经纪人，当时被称为"孖氈"，是 Merchant 的粤语译音。他的穿着很有特色，长袍为圆领，箭袖，面料为透明的纱质，可以若隐若现地看到里面白色的单衣和裤子，白色袜子，竹或藤草编织的凉鞋，帽子为清朝官员夏季戴的凉帽。

图 4-11 和图 4-12 选取自 1890—1893 年《点石斋画报》的图画。可以看到，一直到 1890 年代，女子一直保留宽袍大袖的形制。图 4-12 是富裕人家的女性着装，女子们穿着对襟、琵琶襟等女子衣衫，挽袖，有一些女性是缠足，而穿着高底鞋、花盆底鞋的女性为天足。

图 4-8　19 世纪十三行题材外销画——珠江艇户

图片出处：孔佩特《广州十三行：中国外销画中的外商（1700—1900）》，于毅颖，译，北京：商务印书馆，2014：250。

图 4-9　19 世纪外销画——十三行漆器商店

图片出处：孔佩特《广州十三行：中国外销画中的外商（1700—1900）》，于毅颖，译，北京：商务印书馆，2014：79。

图 4-10　19 世纪外销画——孖氈

图片出处：王次澄《大英图书馆特藏中国清代外销画精华》，广州：广东人民出版社，2011：172。

图 4-11　1890 年《点石斋画报》

图片出处：广东省立中山图书馆《清末民初画报中的广东（中册）》，广州：岭南美术出版社，2012：668。

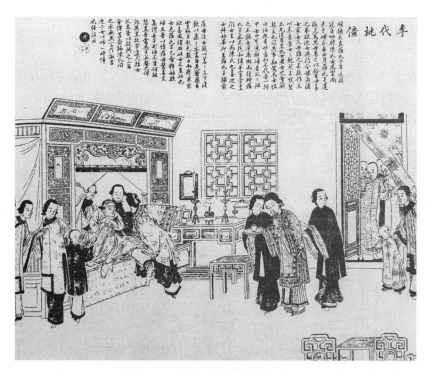

图 4-12　1893 年《点石斋画报》

图片出处：广东省立中山图书馆《清末民初画报中的广东（中册）》，广州：岭南美术出版社，2012：678。

三、摄影作品

19世纪时摄影技术开始在我国出现，清末广州人物的部分影像得以保存，值得一提的是，以下照片反映的服饰多属社会上层。

图4-13的女性服装仍是大襟衫、大裆裤，除领口、袖口、衣摆以外，肘部也有镶滚边，缠足小脚；男性头戴瓜皮帽，棉长袍，外套立领斜襟夹棉马褂，白色袜子加厚木底鞋。

图4-14的女性身穿对襟马褂，前胸有补子，颈戴朝珠，可以看出这是一位有朝廷诰命的官夫人。

图4-15的照片中，男性穿着补服，头戴官帽（凉帽），女性穿着补服和裤子，右手边的年轻男子穿长衫马褂，头戴瓜皮帽，裤腿绑起，穿布鞋。

图4-13 广东早期摄影师赖阿芳拍摄的人物照片

图片出处：广东省立中山图书馆《老广州》，广州：岭南美术出版社，2009：284。

图4-16的照片是19世纪后期的女性照片，这位女性是中国南部第一所女子学校（1872年创建）的教员。可以看到，到了19世纪70—80年代，女子的衫裤依然十分肥大，从衣衫的光泽质感看，面料似是薯莨绸。图4-17的女性也穿着薯莨绸的服装。图像和文字资料显示，薯莨绸服装在19世纪后期较为常见。

图4-14 晚清广州命妇照片

图片出处：广东省立中山图书馆《老广州》，广州：岭南美术出版社，2009：285。

图4-15 晚清广州官员一家照片

图片出处：杨柳《羊城后视镜4》，广州：花城出版社，2018：68。

图 4-16　1872 年广州真光书院教员　　　　图 4-17　19 世纪香港穿莨绸的女人

图片出处：广州市妇女联合会《广州妇女百年图录　　图片出处：广东省博物馆《广州百年沧桑》，广
（1910—2010）》，出版社不详，2010：12。　　　州：花城出版社，2003：123。

四、文字记录

广州是西方人近代进入中国的唯一口岸，对于很多来华外国人来说，广州是中国的标志。很多人通过回忆录、传记、书信记述了他们初次接触广州的新奇发现，其中不少提及清末广府人的装束。

美国人亨特在《旧中国杂记》中记录他 1825 年初次到广州时，新年期间到十三行行商浩官的长子家作客，几位女眷亲切而惊奇地招待了他："女士们的衣服全是用丝绸做的，常常缀有毛皮，都是那种很柔和的色彩，显示出中国人很好的品位，例如，梅红、赭色、粉红或青豆色；袖子和外衣边沿都在宽宽的黑底或蓝底上绣着浅色的花。"

"她们乌黑而有光泽的头发，梳成广州或北京的式样。北京的发式非常可爱，就是在古老瓷器上看到的那种发式，插着长长的银簪或玉簪，簪头上用细线系着飘荡的金饰或银饰。"

"她们的鞋子，无论是'金莲'还是天足，都跟衣服一样，有各种颜色；也跟衣服一样有漂亮的刺绣。雪白的鞋底有一英寸多高，是软木做的，走起路来没有声音。她们很多都长着明亮的黑眼睛、美丽的眉毛、象牙那样白的牙齿。有些抽着长长的、有玉嘴子的漂亮旱烟筒，烟筒上系着绣花的丝质小烟荷包。其他一些人手臂上和脚

踝上带着许多镯子，镯子上有金银的小饰物（用来辟邪的），她们走动时便发出银铃般悦耳的声音。"❶

亨利·阿瑟·布莱克在《港督话神州》中粗略地描写道："在欧洲人看来，中国女性的服饰时尚似乎是一成不变的：刺绣精美的宽松上衣，长长的褶皱裙和肥大的裤子，呈深红色或明亮的黄色，或由各种颜色精心拼成。"❷

另外，屈大均的《广东新语》、李调元《南越笔记》、张心泰《粤游小识》等均记载了广东和岭南地区的特色织物和服饰，如薯莨布、葛布、麻布、蕉布等，以及广府人喜爱簪花、跣足、穿木屐等风俗。清代的竹枝词也非常生动形象地描绘了当时广州繁荣丰富的城市生活，特别是花城文化在人们服饰中的体现。

又如清满族人杏岑果·尔敏于同治八年（1870年）任职广州，八年后离开，留下了一首"土人爱著薯莨绸，赤足街前汗漫游；脖上横缠粗辫子，手挥雅扇细潮州"的竹枝词，描写了广府人穿薯莨衫、光脚、手不离扇的亚热带服饰形象。

对于广府的少数族群文化，不少文献也有记载，其中19世纪最突出的是疍民，由于十三行贸易主要是靠轮船运输，所以以水为生的疍民在十三行时期的外国记载中特别突出，国内的竹枝词和资料也多有提及。

广州最早开对外贸易商埠，进出口贸易繁荣，西洋用品最早在广州流传开来。竹枝词对此写道："异宝奇珍集百蛮，双门夜市物烂斑。买将彼美西洋镜，若个蛾眉似妾颜。"虽然传统的男女服装服饰的着装规范仍占据绝对主导的地位，但到了19世纪中后期，已有不少人开始购买洋布，少数商人开始穿着洋服。据记载，到了19世纪80年代后期，进口的洋布价格已与土布持平，1890年代，洋布价格开始低于土布，并继续下降，使得洋布的消费迅猛增长。❸蕉布、麻布、棉布等手工织造的土布从这时起失去了优势，织造和穿用逐渐减少。

西洋实用的针织衣物和服饰品也受到欢迎，如眼镜、洋伞、棉线袜、手套、棉裤、毛裤等。1875年广州商务报告记录："洋针和洋线也很行销，甚至毛裤、棉裤和手套也很普遍。"❹曾参与太平天国革命的英国人吟唎在《太平天国革命亲历记》中说，当他1859年漫步广州街头的时候："看见很多中国姑娘的天足上穿着欧式鞋，头上包着鲜艳的曼彻斯特式的头巾，做手帕形，对角折叠，在颊下打了一个结子……我觉得广州姑娘的欧化癖是颇引人注目的。"❺

❶ 亨特. 广州番鬼录·旧中国杂记［M］. 冯树铁，译. 广州：广东人民出版社，2009：435–436.
❷ 亨利·阿瑟·布莱克. 港督话神州［M］. 余静娴，译. 北京：北京图书出版社，2006：112.
❸ 蒋建国. 广州消费文化与社会变迁（1800—1911）［M］. 广州：广东人民出版社，2011：178.
❹ 姚贤镐. 中国近代对外贸易史资料［M］，北京：中华书局，1962：1095.
❺ 杨秋. 从竹枝词看清末民初广州的社会风尚［J］. 民族文学研究，2004（3）：42–46.

五、资料总结与分析

（一）女装

清末广府各社会阶层的女性服装整体款式形制区别不大，均为上下分开的两件式着装。上衣属项最常见的是大襟衫，部件项包括领子、衣袖连裁的衣身和袖子；下装属项有裙和裤两种，劳动女性多穿裤，上层女性外出时裤外套穿马面裙；从配饰上看，有木屐、布鞋和靴子。

不同阶层的女性大襟衫在细节项上有所差异（表4-1）：

（1）上层妇女衣衫格外宽大，特别是袖子的袖口部位。

（2）上层妇女大襟衫的镶滚明显多于劳动妇女。

（3）从颜色上看，上层妇女的大襟衫色彩更加华丽，而劳动妇女的服饰颜色偏深暗。

（4）从细节上看，清末妇女上衣的袖口流行做假袖口，少则1、2幅，多则3、4幅，袖口层套，既显示身份，又具有层次美感，同时可遮挡宽大袖口露出的手臂皮肤。从图中看出，上层妇女服装的袖口多有层叠，而劳动妇女袖口不宽，很少做假袖口。

（5）从下装上看，上层妇女居家穿裤，出外时套上马面裙。而劳动妇女一般只穿裤。

（6）从首饰上看，各阶层妇女都佩戴基本的头饰、耳饰、手镯等，底层妇女的首饰相对比较简单；广府妇女还喜爱簪花。

（7）从鞋履上看，劳动妇女有跣足的情况；上层妇女多为缠足，平民妇女多为天足，穿木制底鞋。

表4-1　清朝后期广府上层妇女与劳动妇女服饰符号对比

部件项	上层妇女与劳动妇女服饰符号对比
衣身	上层妇女的大襟衫非常肥大，镶滚装饰花样多；劳动妇女的服装相对来说较合体，较朴素
袖子	上层妇女的袖口非常宽大，并有假袖口等装饰；劳动妇女袖口相对来说较小
领子	上层妇女与劳动妇女领子款式相同
下装	上层妇女的裤子有装饰，外出穿裙；劳动妇女穿裤子
鞋履	上层妇女裹脚，多穿弓鞋；劳动妇女爱跣足，不裹脚
首饰	耳饰、手镯等是妇女的基本装饰品，上层妇女的头饰比劳动妇女更丰富

（二）男装

清末男性服装的形制在不同阶层之间差别较大。上层男性的常见服饰有长衫、马褂、马甲、瓜皮帽等，为上下一体的属项形式；而男性劳动者的服饰非常简单，短衫、大裆裤，雨天或暑天戴藤编或草编的尖顶笠帽。共同点是无论长衫还是短衫，都是以圆领斜襟的款式为主。普通劳动者的短衫也有对襟的样式（表4-2）。

表4-2　清朝后期广府上层男性与劳动男性服饰符号对比

部件项	上层男性与劳动男性服饰符号对比
衣身	上层男性穿长衫，正式场合外套穿马褂，有时搭穿马甲；劳动男性主要穿短衫和大裆裤。一些职业，如画师、店员等不从事体力劳动的男性也穿长衫
袖子	上层男性与劳动男性袖子款式相同
领子	上层男性与劳动男性领子款式相同
下装	上层男性与劳动男性下装款式相同
鞋履	上层男性多穿木底鞋靴、布鞋靴或竹藤编鞋；劳动男性爱跣足
帽子	官员和政府人员戴清制官帽，居家时上层男性戴丝绸面料制作的瓜皮帽；劳动男性一般戴尖顶草

（三）童装

从图片中看出，童装与大人服饰形制是一样的。男童随男性，女童随女性。与欧洲童装相比，我国近现代的童装衣衫宽大，更适合儿童成长。

第二节　十三行的多元服装服饰——泾渭分明的中西文化

图4-18描绘了发生于1807年广州十三行的审判"海王星号"船员事件。事情源于英国"海王星号"的船员与广州居民发生武力冲突，烧毁了一栋建筑物，并导致一名村民死亡，一名海关官员受伤。中英双方就此事件进行了公审。

"海王星号"事件成为整个19世纪中国局势的预表和缩影，图片贴切地反映了长达一个世纪中西文化对峙的局面。此时距欧洲人明末进入广州已经过了约400年，然而广州的社会文化生活和服装主体形制没有受到十三行外国文化的影响，只有部分买办穿起了西式服装，少数实用的外国商品受到欢迎。普通广府百姓的服装服饰形制即使在最细枝末节的地方都保留着与中原主流文化一致的风貌和受岭南本土气候影响而附加的地区特色。欧洲人就在城门外，然而他们被阻断在十三行有限的区域内，仅能在城外的少量区域活动，城内的广州普通民众甚至对他们怀有警备之心，态度颇不友善。

（1）全图

（2）细节放大图

图4-18　《审判"海王星号"船员》，中国画家，绘于1807年

图片出处：孔佩特《广州十三行：中国外销画中的外商（1700—1900）》，于毅颖，译，北京：商务印书馆，2014：66。

　　英国人威廉·希基在他的回忆录中记载1769年他与一群英国人冲进广州城门，企图步行穿过广州城，遭到了中国人的言语侮辱。❶

　　《19世纪俄国人笔下的广州》也记叙道："如同古希腊罗马人，中国人对西方是完全蔑视的，他们认为自己的生活体制是几千年文明的成果，是全世界的典范。"❷

---

❶ 孔佩特. 广州十三行：中国外销画中的外商（1700—1900）［M］. 于毅颖，译. 北京：商务印书馆，2014：37.

❷ 汤晓志. 西方人眼中的广州市井形象（1840年至1910年）［D］. 上海：华东师范大学，2013：10.

《广州十三行：中国外销画中的外商（1700—1900）》（以下简称《十三行》）中的一些数据和材料值得注意，在一定程度上描述、分析和解释了当时广州对西方文化冲突和抗拒的现象和原因，主要有以下几个方面。

1. 欧洲人的活动区域和接触的人口受限

1757年清廷颁布的法令规定，来华外商必须在距广州12英里处下锚，只能居住在广州西郊的一小块区域内，只能在冬季贸易期居留，并且只允许与一部分华商交易。外国人不允许进入广州市区的禁令在近百年的时间里不断被重申，甚至在五口通商后，也唯有广州不许外国人进城。来华商人进入广州的办法只有硬闯，或个别外国人受邀进城。外国的妇女更被视为洪水猛兽，甚至不允许出现在十三行，直到第一次鸦片战争结束后，外国妇女才随丈夫来到位于城外的商行，然而此时中西冲突更加激烈。"尽管西方妇女现在被允许进入广州，但还是很少有人会冒这个险，她们一走到大街上就会被围攻……"

但是值得注意的是，并不是所有的外国人都不允许进城，《19世纪俄国人笔下的广州》说："在广州的伊斯兰教商人尽管和欧洲人一样也是外国人，但被允许进入城内。"

这个现象值得深思。广州民众对欧洲人的排斥一方面是因为少数闯入城内的水手野蛮粗鲁，醉酒滋事，但另一方面欧洲人完全不同的外貌与服饰是否加重了广州民众对欧洲人的恐惧与戒备，也值得探讨。

2. 在广州的外国人数量不多，无法形成直接的文化影响

据《十三行》搜集的各处资料显示：

1826年十三行人口普查资料显示共有45位英国籍商人，19位美国籍商人，荷兰人4位，瑞典人2位，西班牙人4位，法国人2位，以上总数为76人。

1837年1月，《中国丛报》的调查报告称：同10年前相比，十三行内来自欧洲大陆国家的商人数量持平。美国商人达到44人，帕西人62名，英国商人最多，为158名，以上总数为276人。

1853年，十三行的外国人约有275人，1848年，在广州的传教士14人，大多是美国人。

1879年，当时迁到沙面的外国商人来自英国、法国与德国的有45人，1884年1月，广州城内传教士与其妻子的总数为46人。

以上的数字可以看出，19世纪在广州长期居留的外国人数量很少。

3. 广州居民与外国人彼此怀有敌意，不主动接触

自19世纪起，广州居民与来华外商之间一直发生着大大小小的冲突，彼此怀有戒备和敌意。在两次鸦片战争结束后，英国人实际上已处于政治上的强势地位，不

许进城的禁令也早已取消，但当1880年一位英国妇女抵达已经迁居沙面的外国人聚居地时，对沙面与世隔绝的状态非常惊讶："沙面几乎是另一个英国……而大多数居民几乎没有进过广州城！"

4. 19世纪是不同文化开始互相接触和碰撞的初期阶段，在一定的时间内保有原貌是正常规律

当不同的文化开始接触的时候，互相怀疑、敌对、蔑视和斗争是正常规律。除了中西文化冲突之外，当时在十三行的亚洲其他国家的人还有印度人、犹太人、孟加拉人、波斯人、帕西人、摩尔人等。不同国家和地区的商人也都保留着自己的风俗习惯和特色服饰装束。在反映十三行街景的外销画中，不同文化背景的人们穿着不同的服饰，在路上行走或彼此交谈，仿佛是欧亚的主要文化在广州郊外的街头汇合。西方人"衣着艳丽，戴着宽边草帽，穿着膝下收紧的短裤和长袜，手上还握着手杖，这些都是广州西方人的标志性打扮。"而在十三行中期开始地位日益重要的帕西人，一身白色长袍，"腰上束着圣腰带或者羊羔毛腰带，长裤（红白蓝三色）和头上裹得高高的头巾在十三行令人侧目"（图4-19）。

图4-19 19世纪中期广州外销画师林呱画作，《詹姆斯特吉·吉吉博伊先生》

图片出处：孔佩特《广州十三行：中国外销画中的外商（1700—1900）》，于毅颖，译，北京：商务印书馆，2016：114。

第三节 清朝后期广府女性服装服饰符号集

根据上述各种资料可以总结归纳出19世纪广府女性服装服饰的符号集。在19世纪，广府女性的服装形制为衫裤或衫裙的两件式着装形式。其中下装的裙和裤从外观看，在上衣的遮蔽下露出的面积小，变化微小，对整体服制影响不大，对女性服

制的审美起到决定性作用的是大襟衫（图4-20）。

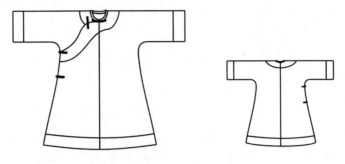

图4-20　19世纪的女式大襟衫

一、大襟衫

虽然女式衣衫款式相对较为固定，但在细微的地方仍有区别，表现在以下几个方面。

（一）廓型

19世纪的女衫与后来清末民初的廓型相比普遍宽松肥大（图4-21）。随着社会阶层的不同，宽松的程度也不相同。19世纪前我国传统的审美以大为美、以多为美，因此越是社会阶层高的妇女，女衫的廓型越大，在细节上的装饰越多。

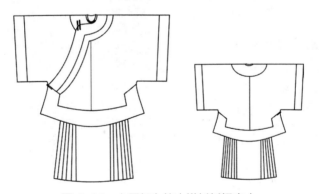

图4-21　上层妇女的大襟衫衫裙宽大

（二）门襟形式

女衫的门襟有侧襟、对襟和琵琶襟三种形式（图4-22）。在广府地区，侧襟和琵琶襟形式最为常见，图像资料上除了补服以外，所有的女式上衣都是侧襟。补服的门襟是对襟，出现在少量图片资料上，是有朝廷诰命的官夫人在正式场合穿着的官服。

（三）衣身镶滚装饰

衣身镶滚边的装饰随着社会阶层由少变多。如图4-23（1）所示，最简单的大襟衫只在门襟处有一条镶边；图4-23（2）的大襟衫是一种较省布料的镶滚办法，

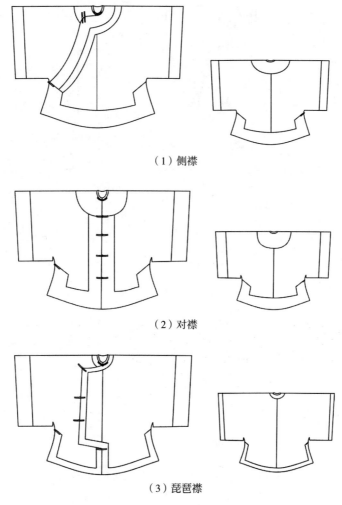

（1）侧襟

（2）对襟

（3）琵琶襟

图4-22　清朝后期女衫门襟形式

由于门襟从右到左的跨度很大，像这样仅镶滚一半的做法非常省面料。在节俭的客家大襟衫上这种镶滚方式非常常见；图4-23（3）的大襟衫在领口、袖口和衣摆都有适量镶滚，较为常见；图4-23（4）的大襟衫的镶滚边非常多，在上层阶层的礼仪服装上常见。特别是清代中期引进了外国花边，镶滚变得既便捷又美观。华丽的大襟衫上一般在最靠近边缘的地方是丝绸面料的宽镶边，镶边上有精美的刺绣，这些大面积镶滚边的旁边又平行地缝上数条外国花边。

（四）领子

19世纪广府女式大襟衫的领子可分为圆领（无领）、低领和稍高的领子，领子上的纽扣位置和数量也可有变化（图4-24）。

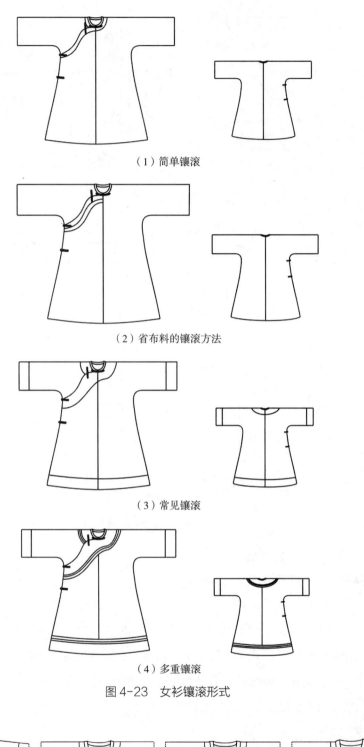

（1）简单镶滚

（2）省布料的镶滚方法

（3）常见镶滚

（4）多重镶滚

图 4-23　女衫镶滚形式

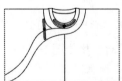

图 4-24　19 世纪大襟衫领子与扣子形式

（五）袖口

19世纪大襟衫的袖口都非常肥大，袖口可分为无装饰、镶滚袖口、挽袖口和假袖口（图4-25）。

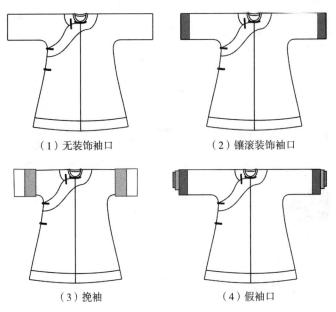

（1）无装饰袖口　　　　　　（2）镶滚装饰袖口

（3）挽袖　　　　　　　　（4）假袖口

图4-25　女衫袖口形式

图4-25（3）的挽袖款式既具有凉快方便的实用性，又具有装饰性。劳动妇女的大襟衫挽袖取其实用性，而上层妇女挽袖主要为了装饰。

（六）扣子的材质和形状

19世纪常见的纽扣根据材质可分为两种，一种是以纽结为布条编结环套而成的纽襻（图4-26），另一种是金属的纽结（图4-27、图4-28）。常见的纽襻形态为一字扣，图4-26是当时的盘扣形状示例，基本方法是采用

图4-26　19世纪大襟衫盘扣的形状

图4-27　19世纪大襟衫的金属纽扣

图片出处：摄自"香港百年长衫展"（2018年，广东省博物馆）。

绳结的办法扭转编结出各种形状。19世纪金属和木质纽结的应用也越来越广泛，如图4-27所示的圆形大金属扣，在图4-1（4）养蚕女的大襟衫上也使用了这种扣子。

图4-28　清末金属纽扣

图片出处：包铭新《近代中国男装实录》，上海：东华大学出版社，2008：154。

（七）颜色与图案

上层女性的服饰颜色较为明丽鲜亮，根据亨特在《旧中国杂记》中的记录，常见的服饰主体颜色有梅红、赭色、粉红或青豆色等，竹枝词中提到的颜色有绛红、银红、雪青、白色等，镶滚装饰的颜色一般比主色深，在深色的镶边上绣上鲜亮色的花纹。服饰和镶边上的图案常见的有各种花卉、蝴蝶、凤凰及云纹、如意纹等。鞋子上绣凤凰、蝴蝶的较为常见，19世纪的竹枝词多次提到"凤头鞋"，即在鞋头上绣凤凰的鞋子，如：

"邻家姐妹弓鞋小，米大尖头绣凤凰。"（唐柳青——顺德女史）
"银红衫子凤头鞋，凭吊花田姐妹偕。"（周隐琴——顺德人）
"红纱袴子白罗裳，蝴蝶头鞋踢海棠。"（黄云卿——南海人）

劳动妇女的衫裤颜色一般深沉朴素，如蓝色、深蓝色、绿色、赭色、黑色等，也有红色的服饰。这些颜色之所以常见，原因是岭南地区具有丰富的植物染色资源，如都捻子是红色染料、郁金是黄色染料、槐蓝是蓝色染料、杨梅皮和薯莨是黑色染料等。衣衫的镶滚边一般是素色的，很少有绣花图案装饰。

（八）面料与辅料

首先，面辅料的使用与清朝的社会等级制度有关。清廷政府屡次发布了关于服用面料的限制规定，到了19世纪，虽然禁令颁布已久，但貂皮等贵重毛皮仍为皇室宗族专用，平民不能擅用。其次，上乘的丝绸、动物皮毛等贵重材料也远超过普通民众的置办能力。因此在服饰面料和辅料上呈现了明显的等级区别：上层女性的服饰多为丝绸面料，由于广府地区气候温热，秋冬季节也不须穿厚重的皮袄，动物皮毛常用来镶在衣领和袖口上；平民女性的服饰材料为麻布、棉布、葛布或混纺面料。薯莨布服装非常常见，上层男性女性穿质地上乘的香云纱或莨绸，劳动人民穿用薯莨染色整理的绢布或其他布料。

二、大裆裤

大裆裤是清代男女裤子的统一款式。裤子分为裤腰、裤裆和裤腿等部分，整体十分肥大。裤腰与裤腿颜色不同，一般为浅色。穿着的时候，腰部多余的布料或左右捏出褶，或在前裆捏出褶，用裤腰带系住。大裆裤采用左右通裁的平面裁剪形式，由于过去土布的织造幅宽较窄，所以大裆裤会出现拼缝，拼缝的部位根据布料的情况而定，没有固定规律。女式大裆裤在裤脚处有镶滚边装饰（图4-29）。

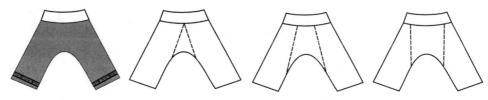

图4-29 清代大裆裤外形与拼缝示例

三、马面裙

马面裙的褶皱有宽褶、细褶之分，裙襕和裙摆上的装饰是马面裙外观的重点（图4-30）。19世纪流行的花边在马面裙上也大量使用（图4-31）。

图4-30 马面裙

图4-31 "十八镶"马面裙

图片出处：摄自"香港百年长衫展"（2018年，广东省博物馆）。

四、背心

背心是保暖类服装,19世纪女式马甲可分为长背心和短背心两类（北方称为"大坎肩"和"小坎肩"）。长背心的款式特点是长度在膝盖位置附近,圆领,无袖,前后断幅,左右开裾[图4-32（1）]。短背心的款式特点是长度在腰线上,或略过腰线,圆领,无袖,前后断幅,左右开裾[图4-32（2）]。门襟形式与外衣相同,可分为对襟、侧襟和琵琶襟。广府地区常见侧襟。

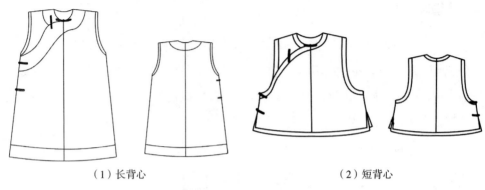

（1）长背心　　　　　　　　　　　　（2）短背心

图4-32　清代女式背心

五、鞋子

清代汉族女子有缠足的陋习,满族女子不缠足。而在广府地区,由于女性日常劳动较多,所以缠足的比例低于中原地区,特别是城郊和乡村的女性,缠足的女性较少。一般来说,中上层女性缠足多,广州城区的女性缠足多。福格（清）在《听雨丛谈》中谈到缠足的问题,说："今举中夏之大,莫不趋之若狂,惟八旗女子,例不缠足。京师内城民女,不裹足者十居五六,乡间不裹足者十居三四。东西粤、吴、皖、云、贵各省,乡中女子多不缠足。外此各省女子无不缠足,山、陕、甘肃此风最盛。"

按照是否缠足进行区分,女式鞋可分为小脚鞋和天足鞋两类。

按照居家和礼仪的穿着场合,可分为厚底鞋和平底鞋两类。

按鞋底的形态,可分为鞋和屐。

按鞋面的材质,可分为布鞋和草鞋。

平底鞋一般为布底或皮底,高底鞋为木底。木底鞋用木头削出各种鞋底形状,外面包上布或皮,鞋底也可钉上皮底。满族女子的鞋子也为木底,而对于广府人来说,木底非常适合潮湿的环境,具有地域适应性。

清代女性的鞋子有各种图案的绣花。因为裙子和裤子非常宽大,只有鞋尖偶尔露出来,所以鞋尖部位是绣花装饰的重点。鞋身上的绣花图案常见花卉或云纹的连续图案,鞋尖的图案多为动物,如凤凰、蝴蝶、金鱼等,竹枝词中常提到"凤头鞋""蝴蝶鞋头"等。根据资料，有的动物图案为平面刺绣，而有一些鞋头的凤凰或金鱼是立体装饰。由于缺乏广府地区凤头鞋的相关图像和实物资料，因此不能确定竹枝词中的凤头鞋是哪一种装饰方法。下面的图片为根据我国清代女子的鞋子实物和广府地区图像和照片资料推测绘制的示例图。

（一）小脚鞋

小脚鞋可分为日常居家较为舒适的平底鞋［图4-33（1）］和高跟鞋［图4-33（2）］两类。图4-33（2）为最常见的小脚弓鞋，在通草画、照片和画报中的弓鞋一般都是这一类鞋子。

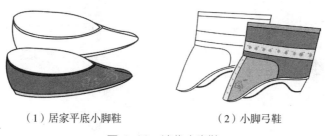

（1）居家平底小脚鞋　　　　　　　　（2）小脚弓鞋

图4-33　清代小脚鞋

（二）天足鞋

根据故宫博物馆的资料，高底鞋为天足鞋。按照鞋子高度可分为平底鞋、厚底鞋和高底鞋；按鞋底形状，高底鞋可分为直高底鞋、元宝底鞋和花盆底鞋。上层妇女在高底鞋的木鞋底外还会包上白色的布，布上绣花（图4-34）。

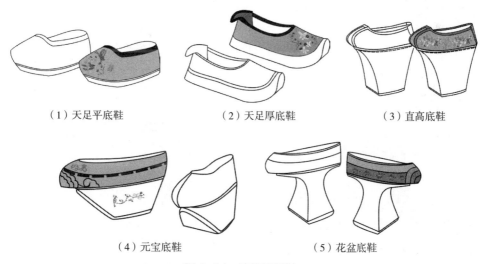

（1）天足平底鞋　　　　　　（2）天足厚底鞋　　　　　　（3）直高底鞋

（4）元宝底鞋　　　　　　　　　　（5）花盆底鞋

图4-34　清代天足鞋

在通草画和画报中常能看到女性穿高底鞋的形象。从描绘的场景看，高底鞋一般在妇女外出、参加集市或聚会、参加婚庆活动等情况时穿着，适用于外出礼仪场合；从穿着对象看，穿着者多为中上层妇女；从画面中描绘的鞋底形态来看，高底鞋多是厚底鞋、直高底鞋和元宝底鞋。从服饰功能的角度看，高底鞋不仅防潮防湿，还可以抬高脚的位置，使裤子或裙子垂过脚面，遮住足部。清代时女子外出以露脚为耻，高底鞋或因为这个原因而产生。

（三）木屐

屐是广府人最喜爱的一种鞋子。《清稗类钞》记载道："粤人则不论晴雨，不论男女，皆蹑之。"传统的木屐为夹脚式的，由两条绳带在前端拧成一股［图4-35（1）］；后又有一种木屐，鞋面为一片布或皮，类似现在的拖鞋［图4-35（2）］。

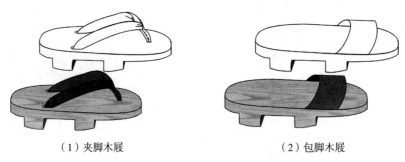

（1）夹脚木屐　　　　　　　　　　（2）包脚木屐

图 4-35　清代木屐

第四节　清朝后期广府男性服装服饰符号集

19世纪广府男性的服饰主要为圆领长衫或短衫宽裤的衫裤组合。圆领长衫是官员、文人、文职劳动者的服装，一般体力劳动者穿短衫和大裆裤。除此之外，官员和上层男性还有马褂、马甲等服装。

一、长衫

（一）衣身

长衫的衣身比起大襟衫来合体很多，其原因与男性更多外出有关，过于宽大的衣身不便于运动。长衫长及脚踝，前后中心线断缝，两侧开裾，没有装饰（图4-36）。

（二）领子和门襟

清代的长衫以圆领（无领）最为

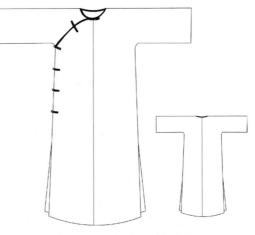

图 4-36　19世纪男式长衫

常见，到了清末才慢慢出现立领。门襟可分为侧襟和对襟，侧襟是最常见的门襟形式，对襟作为礼服符号，仅在官员的补服中见到。

（三）袖子

长衫衣袖连裁，袖口宽大，但宽松程度远不及女式大襟衫的袖口。

二、中长衫和短衫

中长衫指衣长到大腿，未及膝盖的男式衣衫，一般都是侧襟（图4-37）；短衫是衣长在臀围线位置附近的男式衣衫，常见对襟和侧襟两种款式，也有琵琶襟（图4-38）。一般社会下层的男性多穿短衫。

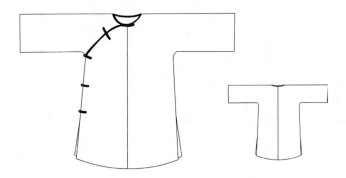

图4-37　19世纪男式中长衫

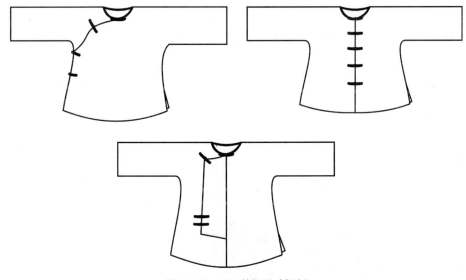

图4-38　19世纪男式短衫

三、马褂

马褂是上层男性的正装外衣，与长衫合穿。19世纪的马褂衣长及脐，身袖宽大，无领，对襟（图4-39）。

四、裤子

19世纪的男式裤子也是大裆裤。一般为长裤，但是劳动男性在炎热的季节会穿短裤，在广州码头、河边、水上等地点劳动的男性，有的把长裤挽起，有的穿短裤，有一些甚至不穿裤子。

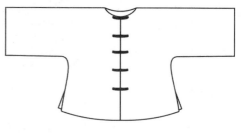

图4-39　19世纪男式马褂

五、背心

男式背心全部为短背心，且装饰较少。常见最基本的无领、无袖、对襟款式，即使有装饰，也仅在领口和衣摆做简单镶滚（图4-40）。

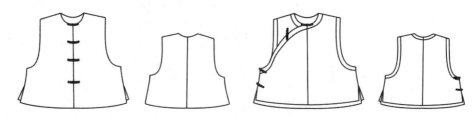

图4-40　19世纪男式马褂

六、帽笠

清代后期，上层男子常见的帽子有官帽、瓜皮帽，劳动男性的帽子为尖顶草帽。官帽可分为暖帽和凉帽两类，两者形态不同：暖帽为上翘形，凉帽为下垂形。

瓜皮帽较为常见，是清代各个地区常见的男式小帽。瓜皮帽可分为帽身、帽顶、帽边三部分。在质料上，帽身天凉用缎，天热则多用纱，颜色以黑色见多；帽边可用不同颜色的锦绸面料；帽顶一般为红色或黑色的绒线结，到了清末，流行以珊瑚、水晶等做帽顶。富裕人家在帽边正中间会镶嵌方形、椭圆形、圆形的玉、玛瑙等，也可用金属和宝石做成吉祥图案的帽饰（图4-41）。

图4-41　清朝瓜皮帽

对于劳动者来说，尖顶藤编、竹编或草编的帽子是炎热多雨的岭南地区必备的实用服饰品。尖顶有大有小，但都具有帽中间拱起的形态（图4-42）。

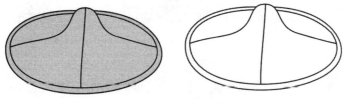

图 4-42　尖顶草帽

七、鞋靴和袜子

　　男式鞋有鞋、靴之分，一般都是厚底，木制鞋底（图4-43）。与之搭配，有较短的单袜和长筒的夹棉袜（图4-44），长筒袜的形状与靴子形状一样。袜子一般是白色，平面裁剪，比较松，一般需要系带。上层讲究的人家还会在袜子上绣花。

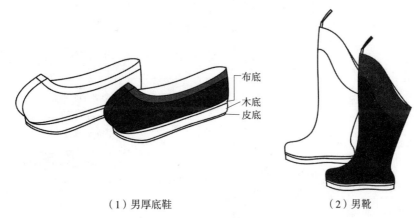

（1）男厚底鞋　　　　　　　　　　（2）男靴

图 4-43　19 世纪常见男鞋

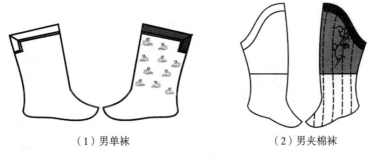

（1）男单袜　　　　　　　　　（2）男夹棉袜

图 4-44　清朝袜子

第五节　清朝后期广府服装服饰符号分析总结

将上述广府地区在19世纪的服装服饰符号进行汇总，可获得表4-3汇总的符号集合。

表4-3　清朝后期广府服装服饰符号集

符号层级		符号体	符号集合／符号描述	所指意义
属项／类项／子项	上装	大襟衫	侧襟，衣长过膝，低立领，衣袖连裁	清朝后期女性上衣
		对襟衫	对襟，衣长过膝，低立领，衣袖连裁	清朝后期礼服上衣
		琵琶襟衫	琵琶襟，衣长过膝，低立领，衣袖连裁	清朝后期女性上衣
		长衫	侧襟，长及足踝，圆领，衣袖连裁	清朝后期上层及文职男性服装
		补服	对襟，衣长过膝，衣袖连裁，前后有补子	清朝官员、官员夫人上衣
		马褂	对襟，衣长至脐，圆领，衣袖连裁	清朝官员及上层男性服装
		中长衫及短衫	长度在臀围至膝盖之间，侧襟或对襟，衣袖连裁	清朝后期劳动男性服装，或上层男性非正式服装
		背心	无袖上衣	保暖类服装
	下装	大裆裤	左右连裁，腰裆肥大	清朝后期男女下装
		马面裙	左右打褶，有裙襕的一片式裙子	我国传统女装，上层女性外出服、礼仪服
部件项／细节项	领子	低立领	领圈很低的立领	清朝后期女性领子
		圆领	无领，领子呈圆形	清朝后期男性领子
	袖子	衣袖连裁	衣身和袖子连在一起裁剪	我国传统裁剪和服装外观形式
	门襟	斜襟	门襟向右斜入肋下	男女常见衣衫门襟形式，常服符号，广府地区最常见
		对襟	门襟在正中	礼服符号，补服、马褂等使用
		琵琶襟	门襟有缺角，呈折现状	最初是行装符号，常服也使用
	衣身	衣身宽大	衣身、袖子非常宽大	清朝后期女装款式符号，上层女性服装符号
		前后断幅	左右身断开裁剪，在前后中线出现断缝	我国传统裁剪和服装外观形式
		镶滚装饰	领口、袖口、衣摆及衣身内部等处镶边、滚边	清朝后期女装款式符号，上层女性服装符号

对清朝后期广府地区服装服饰的整体情况进行分析，可以得出以下结论：

（1）虽然我国传统服装宽松肥大，遮蔽人体，掩盖性别差异，但除了色彩和图案之外，在款式符号上男装和女装仍存在差异。①在属项上，无论社会阶层如何，女性都穿着长度过膝的衣衫与裙或裤，而男性的服装分为两类，长衫或短衫衣裤，与男性的阶层和劳动内容有关；②在领型上，女装为低立领，男装随清朝服制为圆领，到了清朝末期才变成立领；③在衣身上，女装非常宽大，男装宽大的程度不如女装；④在装饰上，男装比较简洁，没有过多的镶滚和装饰；⑤男女装各有自己的专属子项，如男装的马褂、瓜皮帽，女装的长背心、弓鞋等。

（2）在社会阶层上，除了材质、色彩之外，服装服饰的符号差异主要体现在量度上。①长度：上层人群的服装在衣长、袖长上较长；②宽度：上层人群的服装更为宽大；③装饰：上层人群的服装装饰更多。

量度差别体现了传统社会以大为美、以多为美、以繁为美的审美标准。另一方面，从服装符号的自然属性上看，劳动人民要求服装必须具有舒适性和便利性，宽袍大袖的服装无法适应劳动要求；从经济价值属性看，大面积的裁剪和过多的装饰增加了服装的成本，也是劳动人民无法承担的。

（3）将表4-3的符号与清朝后期其他地区的着装情况对比可以看出，清朝后期广府地区的服装服饰与内地主体文化一致。从着装的舒适性要求看，清朝后期服装宽松肥大，劳动人民圆领、短衫、宽裤的衣着适合广府地区的湿热气候。

（4）广府特色主要体现在服饰品上。广府地区本地的服饰特色有簪花、跣足、穿木屐、穿轻薄的纱质长衫或薯莨布制成的衣服，体现了亚热带服饰风貌特色。

（5）广府地区是当时唯一的贸易口岸，贸易活动繁荣，来自西洋的部分商品由于实用、物美、价廉，已被人们接受。在19世纪中期有部分从事对外贸易的商人较早穿起洋服，而到了19世纪末，随着留学生和华侨增多，数家本地基督教学堂和医院开办，穿着西式服装的人越来越多。

（6）从整体着装时尚体制上看，清代社会有服装品种单一的现象。出现这种着装一致性的社会一般是中央集权的等级社会，服装的社会属性诉求凌驾于个体属性诉求之上。同时，单一的服装款式也受到了生产力水平不高的限制。

（7）在多元文化方面，19世纪早期至中期，广府地区有来自英国、美国、法国、瑞士、印度等欧亚国家的十三行商人和传教士，但因为清廷政府的限令，活动区域封闭，加上外国人人数较少，与本地居民彼此戒备，所以对广府服饰文化基本没有影响。广府居民对外国文化十分抗拒反感，第二次鸦片战争以后，特别是19世纪末期，敌对的态度开始缓和，西方文化逐渐打开防线，进入人们生活。表4-4对清朝后期广府多元服装服饰文化符号进行了总结。

表4-4　清朝后期多元服装服饰文化符号

序号	内地主体文化符号	南越本土文化符号	外来文化（欧美文化）符号
服装形制	服装服饰符合中式符号系统全部层级	—	在服装形制上，少数人开始穿着洋服，进入西式符号系统
材质		在材质上，薯莨布、葛布、蕉布、麻布等面料就地取材，适应气候特征	在材质上，到了19世纪末期，洋布逐渐占据市场，广为穿用
服饰及配件		簪花、跣足、木屐	眼镜、纽扣、手套等服饰品需求渐旺

第五章
清末民初广府服装服饰符号与分析
（1900—1920年）

1900年至1920年是中国历史上大动荡大转变的时期，虽然时间短暂，但意义重大。中国结束了数千年的君主王朝，通过资产阶级民主革命斗争建立了自主的共和国家，整体呈现出国际化、开放性的政治特点和追求民主与科学的文化特征。

以1912年元月中华民国建立为分界线，1900—1912年为清末时期，1912—1920年为民初，服装服饰风貌在这20年发生了巨大的改变。清朝百年未易的宽袄大袖象征着旧时社会发展步伐的迁缓与安定，虽然19世纪外强侵略不断，内部又有义和团运动等民间运动，但旧社会的根基仍在，人们遵循的社会规范没有改变。

到了晚清十余年，庞大的封建帝国根基开始动摇，大厦将倾，服饰突变。女性肥大宽松的服装迅速收紧，领子变高，镶滚边装饰剧减。张爱玲在《更衣记》中将这十年的服饰风貌与欧洲的文艺复兴时期相比，认为在社会时局动荡的时候，"时髦的衣服永远是紧匝在身上，轻捷利落，容许剧烈的运动"。

民国建立初期气象清明，追求民主、自由、平等、科学的风气盛行。旧有的固定形制开始松动，特别是女装，领口、袖子、衣摆的形状变化多样。留学生、本地学堂的学生、华侨、与外国文化接触较多的人等思想最早开放的群体逐渐壮大，继19世纪后期在服饰用品上引入西方商品后，到了20世纪，日式立领学生装、西装、西式大衣、制服等完全不同于中式男装的服装款式也开始逐渐被接受。服装服饰的种类大大增加，穿西式服装的人日益增多，变化频率也加快起来。可以说此时中国才开始有了真正意义上的时装。

这个时期是中国接受和学习西方文化的初期，西方舶来文化与中国传统文化之间如何取舍、怎样破立，在社会上引起了广泛的讨论和实验。孙中山在1916年提出，中华民国应有创制精神，要创造性地学习西方。但是，与追求时髦、代表着社会发展新方向的革新派相比，拥有几千年文化底蕴的守旧派也有着强大的势力。20世纪初应运而生的中山装、文明新装、改良旗袍，是中西文化冲突交融的产物。

广州是近代中国接触西方文明最早、最久的地区，是近代资产阶级民主思想萌发最早的地区之一和近代中国革命的策源地，在社会生活方式和时尚潮流方面，最得时代之先机。张焘在《津门杂记》中说："原广东通商最早，得洋气之先，类多效泰西所为。"因此有"苏州工艺巧，广州款式新"的说法。广州的服饰创新始终走在全国前列，是带动民国服装时尚的中心城市之一。

然而，广府文化与江浙沪的区域文化相比，又有较为朴素保守的一面。对此，曾担任岭南大学校长的陈序经总结道："广东是旧文化的保存所，又是新文化的策源地，因而粤人既是旧文化的守护者，又是新文化的先锋队。"❶因此，清末民初新旧文化的冲突在广州尤为明显，每当新的"奇装异服"冲击了旧秩序的界限，政府和一些固守传统的守旧派就会发布禁令进行管制约束。虽然经常禁而不止，但总体来说广府地区的着装还是体现了一定的保守性。

第一节　清末广府服装服饰图像文字资料及分析（1900—1912年）

1900年至民国成立，女性服装主要在领子的高低和衣身合体程度上发生了变化。照片、漫画等图像资料显示，这种变化在19世纪末时已经有所显现，到清末最后几年变得十分明显。

一、照片

中国第一批照相馆1840年代最早出现在香港，到了1870年香港已有十几家照相馆，其中最有名的摄影师赖阿芳不仅在香港拍摄，也拍摄了不少广州街道和人物的照片。照相馆很快从香港传入广州，留下了许多图像资料。

❶ 陈序经. 广东与中国［J］. 东方杂志，1939，36（2）：41-45.

（一）女性

1. 中上层女性服装服饰

图5-1拍摄的是广州番禺富裕人家的女性，年长的女性身穿深色绸缎衣裙，似是香云纱或莨绸，衣长及膝，身袖窄小，高立领，领口、袖口和衣摆有非常细的镶条，裙子不再是马面裙，而是素色长裙；年幼的女性穿浅色的衣裤，同样是窄瘦的大襟衫，高立领，窄镶条，裤脚也比较窄小，脚穿着高跟皮鞋。从前面看，两位女性的发型简单整洁，没有头饰，值得注意的是，她们也没戴耳饰。

图5-1　清末广州番禺殷实人家的妇女

图片出处：广州市妇女联合会《广州妇女百年图录（1910—2010）》，出版社不详，2010：24。

2. 女学生

19世纪60—70年代开始，外国传教士开始在中国开设学校，1872年真光书院成立，是中国南部第一所女校。后来培道学校、岭南书院、慈爱女子学校、夏葛女子医学校等相继建立。这些女校的建立对女性的自立解放意识的觉醒和男女平权运动有着极其重要的意义。民国初年，女学发展很快，在推广男女同校、开办女子高等小学、女子师范学校等方面，广州都走在全国前列。

这些学校的女生多出身于思想开放的富贵人家，通过接受西式现代教育，很多人毕业后有所成就。她们自立的形象受到社会瞩目，在整个民国时期，女学生的装束都是全社会年轻女性模仿的样板。

图5-2和图5-3的女性全部穿着大襟衫的衣裤装束，同样是衣长及膝，身袖和裤脚窄小，高立领，仅有非常简单的窄镶条，脚穿白色的平底皮鞋。

图5-2　清末广州赞育产科传习所学生

图片出处：广州市妇女联合会《广州妇女百年图录（1910—2010）》，出版社不详，2010：12。

3. 劳动妇女

图5-4的劳动妇女形象与19世纪时没有明显区别，袖子窄长，裤脚挽起，穿着用布条编的粗陋木屐。

图5-3　1907年广州岭南学堂的女生

图片出处：广州市妇女联合会《广州妇女百年图录（1910—2010）》，出版社不详，2010：13。

图5-4　清末广府劳动妇女

图片出处：广州市妇女联合会《广州妇女百年图录（1910—2010）》，出版社不详，2010：8。

（二）男性

据统计，1901年中国留日学生仅为280人，1903年猛增至1300多人，到1906年已有8000人之多。正如费正清所说："在20世纪的最初10年中，中国学生前往日本留学的活动很可能是迄今为止的世界史上最大规模的学生出洋运动。"❶这十年的留日潮流对中国社会有着深远的影响，在服装上也引发了民国前后近二十年日式立领学生装的流行，也有人认为中山装是源于日本学生装。

到了1911年，穿西式服装的学生比例已经大大增加。图5-5中三人穿中式服装，其中一人为长衫，两人为短衫，还有三人穿日式学生装，一人穿西装。图中的中式长衫和短衫为高立领，最高的领子高及腮部。此时女式的元宝领已开始流行，男式立领受到影响，高度有所增加。照片中的人全部是短发。

清末到民国的战乱时期，军人形象比以前更多地在图像资料中出现。清朝军队曾在1882年做过一次

图5-5　1911年加入基督教的岭南大学学生

图片出处：孙恩乐《广府服饰》，北京：中国纺织出版社，2014：169。

❶ 万建兰，滕明政. 清末民初留日学生群体的历史地位评析［J］. 湖北省社会主义学院学报，2014（4）：45.

广府裳音——近现代广府服装服饰的符号学研究

服制变更，虽然衫裤合体程度类似西式军装，但上衣仍为中式裁剪的立领短衫，下身为大裆裤与黑色靴，配以西式礼帽，整体不中不洋，显见西式影响没有触及根本（图5-6）。清末甲午战争后，清廷为了巩固国防，采用西式方法训练了西式陆军。1905年，练兵处拟定了包括礼服、常服、肩章等在内的新军军服样式，取代了数百年的旧式号衣。新军军服完全采用西式裁剪方法和西式军服符号系统，领型为翻领，袖子为装袖，衣身裁剪合体，廓型棱角分明；在衣身上配有贴袋、挖袋、倒山形口袋盖等，门襟有单排扣和双排扣两种，扣子为金属扣（图5-7）。但部分旧照片显示，裤子的裤裆仍然宽大，保持了大裆裤的款式。

图5-6 身穿1882式军服的清末士兵

图片出处：广东省立中山图书馆《清末民初画报中的广东（上册）》，广州：岭南美术出版社，2012：196。

图5-7 1906年清政府成立广东陆军速成学校。本图为该校步兵科第一区队学生毕业留影

图片出处：谭惠全《百年广州》，北京：线装书局，2006：57。

二、画报

　　清末民初的时候，报章业开始兴旺起来。晚清至民国的画报记有百余种，其中《时事画报》（广州创刊发行）、《点石斋画报》（上海创刊发行）、《图画日报》（上海创刊发行）等画报以图记事、以图正史，蕴含着"新闻与美术的合作，图像与文字的互动，西学东渐的步伐，东方情调的新变，以及平民趣味的呈现"❶，在研究清末民初的社会生活、风气转化和时尚演变中具有极好的参考意义。下文主要选取了《时事画报》的图片进行分析，《点石斋画报》《图画画报》虽然在上海创刊，但记录了不少新闻时事，画中的服饰与广州服饰主体肯定是相同的，因此也选取了少数图片作为辅证。

　　（一）女性

　　图5-8和图5-9选自《点石斋画报》和《时事画报》，显示了19世纪末到20世纪初女装的变化过程。可以看出，1893年时，女子衫裤仍然十分宽大，到了1897年时，衣身和袖口已经开始收紧，到了1907年，衫裤变得非常紧身。同时，衣衫的长度也缩短到了膝盖以上，裤子变窄，无法遮住足部，所以此后大部分穿裤子的图像均显示，女子的足部露在外面。但从形制上看，女子身穿大襟衫和大裆裤或裙，脚穿弓鞋或高底鞋的基本形制没有改变。

　　图5-10绘制的是女学生群体，服装没有特殊之处，但一些学生手里拿着西式的包：有的在手上拿着手拿包，有的提着方形旅行包。西式箱包从20世纪初开始流行起来，在很多绘画作品中成为时髦女子的配饰之一。

图5-8　1897年《点石斋画报》

图片出处：广东省立中山图书馆《清末民初画报中的广东（中册）》，广州：岭南美术出版社，2012：1253。

　　图5-11中，1908年的女子衣裤非常窄小，裤脚有一块宽宽的接边，似是当时流行的款式，值得注意的是，这里描绘的场景发生于广州城里，而图5-10的新闻事件应是郊区或乡村。在图5-11中，女子们的鞋不同于以往的布鞋或木底鞋，而是皮鞋。

❶ 陈平原. 图像叙事与低调启蒙——晚清画报三十年（上）［J］. 文艺争鸣，2017（4）：26-37.

（1）1893 年广东女子　　　　（2）1897 年广东女子　　　　（3）1907 年广东女子

图 5-9　1893 年至 1907 年画报中的广东女子

（1）图片出处：广东省立中山图书馆《清末民初画报中的广东（中册）》，广州：岭南美术出版社，2012：678。

（2）图片出处：广东省立中山图书馆《清末民初画报中的广东（中册）》，广州：岭南美术出版社，2012：684。

（3）图片出处：广东省立中山图书馆《清末民初画报中的广东（中册）》，广州：岭南美术出版社，2012：484。

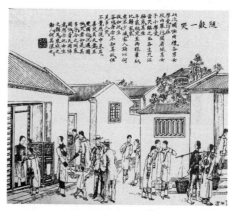

图 5-10　1907 年《时事画报》女学生　　　　图 5-11　1908 年《时事画报》广州市井

图片出处：广东省立中山图书馆《清末民初画报中的广东（中册）》，广州：岭南美术出版社，2012：736。

图片出处：广东省立中山图书馆《清末民初画报中的广东（中册）》，广州：岭南美术出版社，2012：640。

（二）男性

上图 5-11 集合了清末男子的三类人群和三种着装——中上层男性传统的长衫马褂布鞋，劳动男性的短衫宽裤赤脚，以及新潮派的西装加礼帽皮鞋。

图 5-12 是新派学堂的学生装，西式裁剪，立领，五粒扣，无口袋，裤子也是西式裤，裤子两侧有侧章，是制服类裤子的一种常见装饰。图 5-11 和图 5-12 中穿着

图 5-12　1907 年《时事画报》男学生装

图片出处：广东省立中山图书馆《清末民初画报中的广东（中册）》，广州：岭南美术出版社，2012：164。

西装和学生装的男性全部是短发。

三、资料总结与分析

清末十年是社会动荡巨变的时期。自 1840 年第一次鸦片战争打破中国的大门到此时已有大半个世纪，期间的两次鸦片战争、中法战争、中日甲午战争和八国联军侵华战争不断冲击动摇落后自闭的封建王朝统治。战争也强行带来了西方的物质文明和精神文明，大到电车、铁路，小到纽扣、缝衣针，西洋商品涌入中国市场，科学和文明的思想种子也随着留学浪潮、西方书刊的引入、报纸杂志的兴办逐渐生根。

张爱玲在《更衣记》中说："第一个严重的变化发生在光绪三十二三年。铁路已经不那么稀罕了，火车开始在中国人的生活里占着一重要位置。诸大商港的时新款式迅速地传入内地。衣裤渐渐缩小，'阑干'与阔滚条过了时，单剩下一条极窄的……长袄的直线延至膝盖为止，下面虚飘飘垂下两条窄窄的裤管……"

与全国的时尚一样，清末广府的妇女服装形制未变，但在量度上有了很大的改变。大襟衫裤窄瘦修长，领子立起，镶滚装饰减少，整体服饰便捷利落，向现代审美的方向迈出了第一步，也是中式服装从对人体的遮蔽向对人体的展现迈开的第一步，反映了人们思想意识已经开始发生变化。

男性的服装比女性服装的种类更丰富，学生、军警、华侨、有留学背景的知识分子、喜爱西风的商人等服装因职业和背景原因而整体西化。西式男装最常见的是欧美的西装和日式的学生装。1906 年广州口岸贸易报告称："据称现在全城新开了100 家裁缝店，主要缝制军服和校服……西式小帽、大帽及手套，亦大有增加，因本口华人喜用之故。"❶但大部分职业的男性还是传统衣着打扮，官员、老派绅士和文职人员穿长衫和马褂，小贩、手工业者、佣工、工人等劳动男性穿短衫与大裆裤。这时的传统男装与 19 世纪时相比，出现了较多的立领，且立领较高。

广府百姓非常欢迎现成的西洋布料和服饰品。到 20 世纪初，进口棉织品的种类比以前更加繁多，所有主要的毛织品都有所增加，而且新品种，如花呢、哔叽、毛

---

❶ 广州史志丛书编委会. 近代广州口岸经济社会概况——粤海关报告汇集［M］. 广州：暨南大学出版社，1995：446，500.

广府裳音——近现代广府服装服饰的符号学研究

毯、小地毯等，越来越受到顾客的欢迎。汗衫、裤子、短袜、钟、表以及其他类似的杂货，需求量都很大。❶有记录称："省城近年竞尚维新，社会中人无论男女，均喜西装服饰，即棉线衫一项，亦销流甚广，计是年进口估价关平十三万四千两，其胡礼号卫生裤，最为时尚。"❷可见棉线衫和卫生裤（即秋裤）非常畅销。再如《时事画报》曾多次刊登香港啰士洋行的广告，宣传其黑袜。

同时，从图像资料中可以看到丝袜、皮鞋、皮包等西方商品的输入对人们传统服饰的填充和替换。

很多宣扬西方文明的报刊和广告等展示了穿着西式服装的男性形象，作为时尚和追求西式文明的标志，虽然广州设有查操衣帽委员，遇到穿着西装的人就当成激进的新派分子抓走，但西化风气已盛。

19世纪的最后几年，孙中山、陈少白、钟荣光等革命党人率先剪辫，掀起以剪辫易服为外在标志的社会思潮。到了1905年左右，这股思潮普及到普通民众中的思想开放人士，获得了社会的普遍接受。1906年《时事画报》标题为"剪辫毅力"的新闻记录了佛山一位开通的医生素知辫子不便又有碍卫生，有一日约了几个好朋友，谈话间兴起，毅然剪去发辫，友人受其感动，同剪辫者数人。其妻子无法接受，卧床不起。1907年、1908年画报中的学生和穿西服的人全部都是短发。到了辛亥革命后，1911年11月9日，广东宣布脱离清廷独立，据记载这一天有20万人剪辫庆祝。❸

四、元宝领服装

进入20世纪，服装的领子逐渐高起来，最高的时候达到耳边，盖住腮部，称为"元宝领"。元宝领最早似在1909年左右从上海流行开来，扩展到全国，到民国成立后两三年淡出时尚，领子恢复到下颌以下。张爱玲在《更衣记》中认为元宝领"头重脚轻，无均衡的性资正象征了那个时代。"

元宝领时期的女装身袖窄瘦，衫的长度有长有短，长者到小腿中部，短者到大腿中部。下装有裙和裤两种，裤子为直筒裤，裤腿窄瘦；裙子为马面裙。

这个时期时尚的女性最典型的搭配是元宝领短款大襟衫，搭配马面裙，小高跟皮鞋，一手拎枕头形皮包，另一手拿雨伞（图5-13）。这种装束与1920年代的文明新装颇为相似，可认为是文明新装的铺垫。

图5-14中间臂挂雨伞的女性穿着的装束值得注意。她穿着长款马甲，搭配短

---

❶ 广州史志丛书编委会. 近代广州口岸经济社会概况——粤海关报告汇集［M］. 广州：暨南大学出版社，1995：956.

❷ 蒋建国. 广州消费文化与社会变迁（1800—1911）［M］，广州：广东人民出版社，2011：179.

❸ 杨柳. 羊城后视镜（2）［M］. 广州：花城出版社，2017：113.

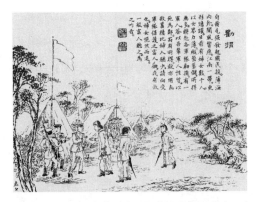

图5-13　1912年《时事画报》元宝领服装（一）

图片出处：广东省立中山图书馆《清末民初画报中的广东（中册）》，广州：岭南美术出版社，2012：381。

图5-14　1912年《时事画报》元宝领服装（二）

图片出处：广东省立中山图书馆《清末民初画报中的广东（中册）》，广州：岭南美术出版社，2012：781。

衫，马甲长至小腿中部以下。很多学者认为加长的旗袍马甲是后来女式旗袍的雏形，如民国学者曹聚仁认为"（旗袍）最初是以旗袍马甲的形式出现的"，即先将马甲拉长，称为旗袍马甲，后来马甲与里面的衫合二为一，最后成了旗袍。

部分男性，特别是喜爱新潮的青年男子，衫褂的领子也受到女性影响，出现了元宝领的形状（图5-15、图5-16）。

图5-15　1915年广州艳芳照相馆摄影的母子二人

图片出处：广州市妇女联合会《广州妇女百年图录（1910—2010）》，出版社不详，2010：25。

图5-16　民国前后广州男子剪辫前留念

图片出处：黄爱东西《老广州：屐声帆影》，重庆：重庆大学出版社，2014：163。

元宝领服装是继女装廓型收紧后出现的第二个变异符号，也是第一个与传统中式服装有着本质不同的符号。传统的中式服装无论是廓型的宽窄松紧，都是平面式裁剪，呈现披挂式的外表特征。而元宝领是雕塑式、解构式的。元宝领的出现是西式裁剪技术发展的表现，也是女装开始向西方时装化方向发展的标志。

第二节　民国初期广府服装服饰图像文字资料及分析（1912 — 1920 年）

民国成立初期，男女服装向着更加简便、朴素而西化的方向迈进。孙伏园在《辛亥革命时代的青年服饰》一文中对1911年前后男青年的服饰进行对比："辛亥革命以前十年，也就是庚子拳乱前后，那时的青年是包裹在何等的五光十色的锦绣之中：杏黄湖绉的长袍、天青宁绸的马褂、雪青杭纺的汗巾、葵绿或枣红挖花三套云头的粉底鞋、再加上什么套裤、扎脚带、折纸扇、眼睛袋、瓜皮小帽缀上宝石……庚子以后渐渐的不同了。庚子到辛亥革命的十来年，中国青年们的服饰，一天一天由红绿变成黑白……最普通的时蓝竹布长袍、黑呢马褂、斜纹布直脚裤、白线织袜、黑羽缎面单红皮底鞋。这些材料全是外国货。"

女装此时也出现了很大的变化，长衫与裤的基本形制被打破，出现了短衫与裙、短衫与裤的装束。衫长逐渐缩短，缩至膝盖以上、大腿中部、臀部，到了1920年代，衫长最短缩至中臀的位置；领口的形状也变化多样，有高至鼻尖的"元宝领"，顶住下巴的"马鞍领"，也有无领的款式。

1912年1月5日，中华民国刚成立，即先颁布了《军士服制令》，10月3日，颁布了《服制》（图5-17）。《服制》中规定：男子礼服分为大礼服常礼服二种。大礼服分昼夜两种（法令的配图显示，昼用大礼服为佛洛克外套，夜用大礼服是燕尾服，裤子为西式长裤），用本国丝织品，色用黑。常礼服分为中、西两种（西式常礼服也分昼夜两种，分别是晨礼服和塔士多礼服，中式的为长衫马褂），用本国丝、毛织品或棉、麻织品。

同时，《服制》对女子礼服规定为：女子礼服上用长与膝齐的对襟长衫，下用裙，周身加绣饰。遇丧礼，穿着礼服时，在胸际缀以黑纱结。《服制》对礼帽、礼靴也做了具体规定。

1912年的《服制》是民国的第一次服制条令，由北洋政权颁布；除这次外，1929年（民国十八年），蒋介石政权颁布过《服制条例》；1942年（民国三十一年），汪精卫伪政权颁布过《国民服制条例》，内容不同。

　　在当时西方文化的冲击和与世界礼仪规范接轨的压力下，民国元年的这份服制文件包含着多层意义：

　　（1）西式服装形制获得官方推崇，中式传统服装没有被简单舍弃，中西并行；既是传统势力与新派势力平衡的结果，也尊重了民间的不同习惯。

　　（2）西式服装在民国成立以前还属于新鲜事物，是少数派的服饰。在政府颁布的法令中规定西式服装作为礼服，具有鼓励和推广的效果，《服制》发布后，定制西装的人群人数日多，到了二三十年代，形成了以学校教师、学生、洋行中的职员及

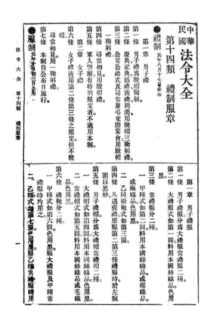

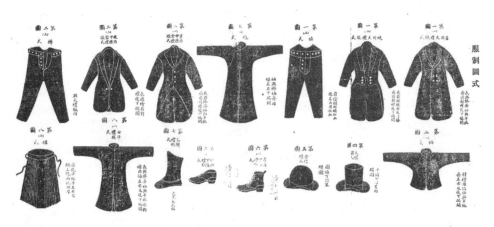

图5-17　1912年10月民国政府颁布的《服制》条例

机关干部等为主体的稳定穿着人群。❶

（3）仅规定了礼服的穿着场合、款式和面料，没有等级、阶层、贫富的服饰隔断，没有服色等级禁令，中式的男性长衫马褂和女性衫裙本来就是平民日常穿用的服装，体现了平等文明的思想在当时的社会获得了初步认可。

（4）对男女服装均做出规定，体现了性别平等意识。

（5）男女中式礼服均选用对襟，女式礼服下装规定为裙，遵循了传统正装符号的语义。

一、民初女性服装的图像与文字资料分析

1913年6月的一期《大公报》专门刊登了一篇题为《粤女学生之怪装》的文章，称她们"穿着猩红袜裤，脚高不掩胫，后拖尾辫，招摇过市"。为此，广东教育司专门发出布告，下令整顿，称"近来一种女子佻挞……裤不掩胫，此在无知识者为之尚不足责，不谓人格尊贵之女学生身佩襟章亦有尤而效之者，殊非自重之道，本司为维持学风，扶植女界起见，为此特申告诫。此后除中学以上女生必须着裙外，其小学女生凡14岁以上已届中学年龄者亦一律着裙……"

据资料显示，清末张之洞提倡尚武精神，提出在各级学堂均应开设体操、兵操等课程，将体育作为新学教育目标之一。然而在做操的时候，旧式的衣服无法适应需要，因此出现了"操衣"。❷女学生的操衣一般为短袄配裤子，裤脚扎紧，与传统女装相比既新颖又方便，因此"学员有终日穿操衣上课者，甚至有出外亦不换便衣者。"❸正因为学生将操衣穿出学校，才引起社会的争议。操衣的款式政府没有规定，一般是学校自行规定。参见资料有两种款式，一种袖子稍短，露出手腕，穿着像裙子一样宽松的裤子，裤子到膝盖位置附近，下面穿高统丝袜和皮鞋。民国初年广州洁芳师范学校打球的服装（图5-18）

图5-18 民国初年广州洁芳师范学校

图片出处：黄爱东西《老广州：屐声帆影》，重庆：重庆大学出版社，2014：50。

❶ 丁万明．民国初期服制变革的成效及其文化意蕴［J］．社会科学论坛，2012（3）：221-227.

❷ 樊学庆．张之洞与清末学堂冠服政策［J］．河南师范大学学报：哲学社会科学版，2007（3）：134-138.

❸ 郭丰秋，陶辉．身体视角下民国时期女学生服饰行为的解读［J］．服饰导刊，2017（1）：73-79.

图 5-19　1928 年 11 月，广东省第 11 届运动大会

图片出处：广州市妇女联合会《广州妇女百年图录（1910—2010）》，出版社不详，2010：18。

和1928年广东省运动会女学生的穿着（图5-19）一致，与新闻中"袜裤足高不掩胫"的描述一致，似可作为佐证。

另一种可能存在的操衣样式是衫裤组合，为了方便运动，衣衫的袖子缩短，露出腕部，裤子也缩短，露出脚踝和足部（图5-20、图5-21）。

无论民国初期女子操衣的具体款式究竟如何，广府的女学生穿着显露出小腿形状的袜裤出门，是继衣身收紧、元宝领以后的第三个变异符号。以往传统女性的服装连足部也不可全部露出，显露身体曲线和皮肤更是禁忌。袜裤虽然没有显露皮肤，但小腿曲线毕露，是近代女装又一次发生的质变。

图 5-20　1910 年代，广州夏葛女医学院学生打球

图片出处：广州市妇女联合会《广州妇女百年图录（1910—2010）》，出版社不详，2010：13。

图 5-21　1916 年，岭南学校女生进行排球比赛

图片出处：广东省博物馆《广州百年沧桑》，广州：花城出版社，2003：56。

继广府女生领先潮流两三年后，据1917年各报纸的报道记载，一种无领、袒臂、露胫的女装在全国各大城市流行，引起舆论哗然，政府也屡次出面禁止。然而在时代潮流的大趋势下，女装并没有倒退回去。女衫的袖子缩短至小臂中间，衫长缩短至大腿中部以上，裙子长至小腿中间以下，但露出脚踝，穿丝袜和皮鞋（图5-22）。到了1919年五四运动的时候，素色短衫、黑色长裙、白色袜子和黑色皮鞋成了女学生的典型装束。民间女子的衣衫也随着短至臀围，下面搭配裤子或裙子，穿裤子可以出门，并且裤子的长度也可露出足踝。

从照片看，广府女生的衫裙比北京、上海等地略长，腰身也略松；民间服装的长度也有这个现象，应是广府文化中保守的一面起了一定的作用。

广府裳音——近现代广府服装服饰的符号学研究

这个时期袖子变短，露出小臂，是近代女装异变的第四个符号。女装在完成了收身、塑形、露出身体曲线、露出皮肤后，进入了较为自由的发展阶段。通过这四个符号的突破，从1920年代开始，倒大袖女装、旗袍、短袖、无袖、短裙等服装陆续出现，社会对女装时尚的态度不再是管束和抵抗，而是饶有兴致地观察，甚至积极参与。

（1）1919年　　　　　　　　　　　　　（2）1921年

图 5-22　1920 年前后岭南大学的女学生

图片出处：广东省博物馆《广州百年沧桑》，广州：花城出版社，2003：57。

二、民初男性服装

1912年后，男子服饰仍然是中式和西式两种符号系统并行的局面，与清末男装相比没有新的变化，不再赘述。只是在选择中西服饰的人群比例上，在政府颁布《服制》，倡导穿西式礼服的背景下，穿着西式服装的人数益多。

第三节　清末民初广府服装服饰符号集

一、女性

（一）衫

清末女性的衣衫仍保留大襟衫和对襟衫的基本款式，但衣身变得瘦长，袖口窄小，衫长缩短，有时露出膝盖。清末女装与19世纪女装的对比如图5-23所示。

图 5-23　20世纪初与19世纪女衫的款式符号对比

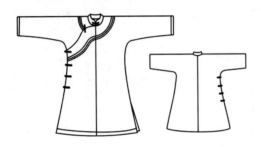

图 5-24　清末常见女衫，镶滚主要在领口

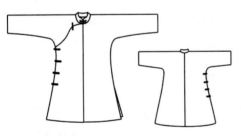

图 5-25　清末民初女衫较为朴素，有一些完全没有镶滚边

图 5-26　元宝领女衫

在镶滚装饰上，清末女衫的装饰普遍减少，假袖口、挽袖等消失，镶滚边减少，但这种流行变化的现象有城乡、阶层、年龄、喜好的区别。有一些图像上的女衫仅有非常窄小的领口、袖口和衣摆镶边，另一些图像的服装则饰边略宽、略多一些，一些女性仍保留较大面积和较丰富的领口装饰（图5-24）。比较普遍和明显的现象是袖口和衣摆镶滚边的数量锐减。一般来看，越是思想趋向新潮的群体，装饰越少。在中上层女性中，女学生的服装比普通女性朴素。随着时间的推移，到了民国建国的时候，镶滚装饰变得更少，甚至完全没有（图5-25）。

清末女衫的立领成为亮点，立领高度明显比19世纪增高，并逐渐高到护住两腮。在领子的边缘上也出现了镶滚边装饰。

约1909年至1915年是元宝领女装的流行期，中上层妇女中无论家庭主妇还是女学生，大多立领高到腮部（图5-26），但中老年妇女、底层劳动妇女和学校的制服仍是普通立领。元宝领是脱离政治和文化因素单独出现的细节项变化，其造型、引发流行的速度及覆盖人群的性质具有典型的时尚流行特点。

这个时期的立领细节项变化丰富，包括①高度的变化；②领角形状的变化；③领面装饰的变化；④扣子的变化。具体变化如图5-27所示。另外，在天气寒冷的时候，立领里面还会加上毛里或毛边。

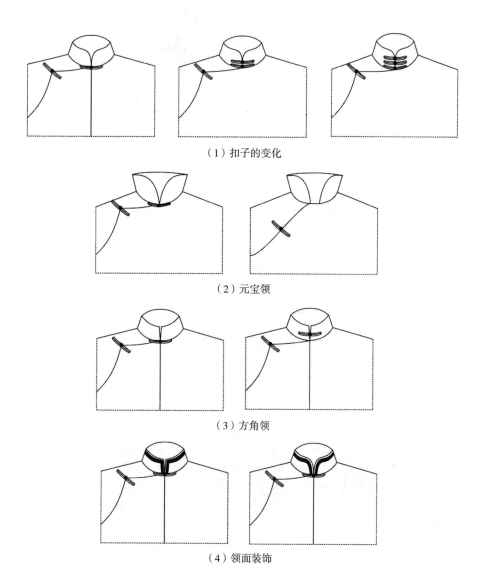

（1）扣子的变化

（2）元宝领

（3）方角领

（4）领面装饰

图 5-27　清末到民国女装立领的变化

　　约1913年开始，出现了露出小腿的衫裤装，接着又流行无领、袒臂、露腿的服装。1910年代后半段，逐渐形成了短衫、长裙、丝袜与皮鞋的女学生装，有人称为"文明新装"。文明新装与清末女装的对比如图5-28所示。

　　短衫开始时的长度露出膝盖，到大腿中部，后来短至臀部，也是立领、侧门襟，装饰很少甚至没有。袖子最初短到露出手腕，后来到小臂中间，腰身收紧，款式如图5-29所示。冬季与夏季略有不同，冬季的衣、袖更长一些。

图 5-28　文明新装与清末衫裙的对比

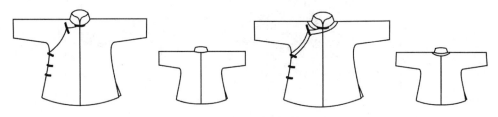

图 5-29 民国初期女衫短上衣

（二）裙

清末的裙子仍是马面裙，但清末民国时期，马面裙的结构变成了筒状，与19世纪时一片围裹式的裙子不同。民国建立时颁布的《服制》规定的裙子从图片来看是筒状的裙子，两侧开口，用带系紧。这种变化改善了马面裙的运动功能：一片式的马面裙前后中心部位都是敞开的，当衣衫缩短、裙子露出的面积较大时，在行动中就会露出腿部；清末民初女性的活动范围和活动幅度大大增加，穿一片式裙子不便，筒状的裙子杜绝了这个问题。在颜色、图案和装饰上，民国尚俭，马面裙的裙襕也变得简素起来，绣花面积比清朝时小，颜色也较素雅。图5-30是清末民初的常见女裙结构。

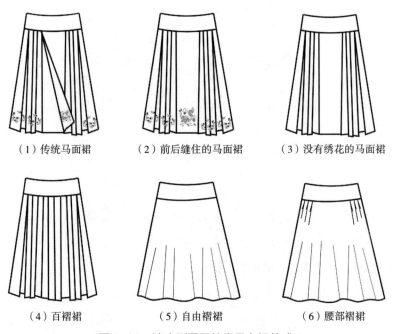

（1）传统马面裙　　　（2）前后缝住的马面裙　　　（3）没有绣花的马面裙

（4）百褶裙　　　（5）自由褶裙　　　（6）腰部褶裙

图 5-30　清末到民国的常见女裙款式

第一种外观仍是马面裙，但前后中心线完全缝住，不再是层叠遮盖结构。裙子的开口变成了两侧半开，用绳带绑住。半开的穿着方式见图5-31。

第二种裙子保留马面裙的款式，但裙襕没有绣花。

第三种裙子取消了裙襕，变成了百褶裙。

第四种裙子没有压好的褶皱，是自由褶裙，类似现在的斜裙。

第五种裙子是在腰上做简单压褶的裙子。

裙子的长度最初仅露出足踝，后来缩短，但一般长度仍在膝盖线以下。冬季的裙子比夏季要长。

除了两侧半开的开口形式，也有简单的裙子直接裁剪成筒状，套上身以后，用腰带系住，像大裆裤的穿法一样（图5-32）。

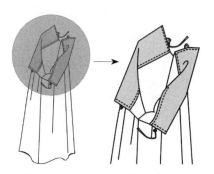

图 5-31 两侧开口的穿着方式

图 5-32 裙子系腰带的穿着方式

（三）鞋

清末的女鞋仍与从前一样，以平底布鞋、厚木底鞋为主，但部分人穿起了西式皮鞋。清末的时候，由于裤子缩紧变短，女子脚部已经经常裸露在外。民国成立后，在政府禁令、媒体宣传、官绅文人倡导下，开始了放足运动。广府女性缠足的比例没有内地高，思想开放较早，加上皮鞋美观新颖，又防水，非常适合在潮湿的地区穿着，因此广府女性喜穿皮鞋。当时最常见的是系带式皮鞋（图5-33），女学生最多穿着，中上层的青年女性也爱穿，当时甚至还有专门为小脚和放脚后的女性制作的小脚皮鞋。

中老年女性、劳动女性和儿童仍像清朝一样，穿布鞋、草鞋和木屐。但木制的厚底鞋和高底鞋在民国很少出现，究其原因，还是因为木制高底鞋行动不便，无法适应新时代、新社会形势的需要。

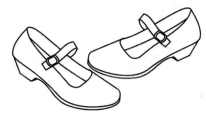

图 5-33 清末民初的常见女皮鞋款式

二、男性

清末民初，男装的子项种类比女装多，既有中式的长衫、短衫裤、马褂和背心，也有西式的西装和日式的学生装，其中长衫马褂和西装被民国政府规定为礼服。虽然种类多，但每一类服装的细节项变化却很少，呈现出符号系统整体切换和选用的特点。

（一）中式衫褂

中式衫褂从清末开始由圆领变成立领，而且在民国初年的时候，有一些男装的立领受女装影响，出现了元宝领。常见款式见图5-34和图5-35。

在色彩和图案上，19世纪的男装还有黄、绿等亮眼的颜色，衣摆和门襟也有镶滚，到了20世纪经过革命，男装变得十分简洁，没有装饰，色彩朴素。

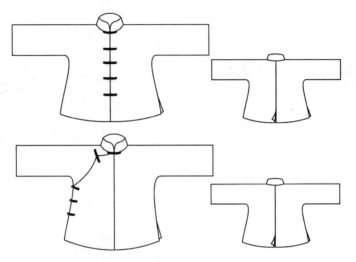

图 5-34　清末至民国时期的对襟马褂和侧襟马褂

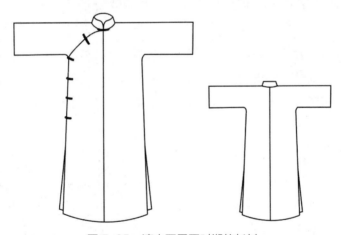

图 5-35　清末至民国时期的长衫

劳动人民穿的短衫与马褂的款式一样，但面料为粗布。

男性大裆裤与19世纪的裤子款式一样，据资料显示，一些裤子上出现了挖袋、贴袋等西式结构，如图5-36所示。民国大裆裤同样有各种拼裆、拼缝的情况，裤腿比先前要窄，裆部也没有那么宽大，有时在外观上与西裤差别不大。中式裤与西裤存在的本质差别是中式裤子始终没有前开口，而是直接套穿，用腰带系住。

中式的男鞋与清代一样，为黑色长靴。

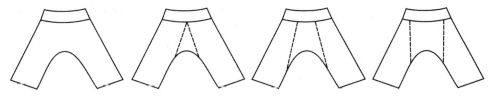

图 5-36　民国时期的大裆裤

（二）西装

民国《服制》中根据场合的正式等级，规定了大礼服和常礼服两类，都分昼夜两种，大礼服为燕尾服和佛洛克外套（Frock Coat），常礼服为塔士多礼服和晨礼服，如图5-37所示。一整套西式礼仪服装符号全部采用了西方社会的服装符号体系，体现了民国政府与国际接轨的政策导向。

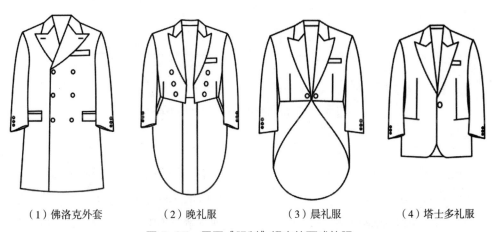

（1）佛洛克外套　　　（2）晚礼服　　　（3）晨礼服　　　（4）塔士多礼服

图 5-37　民国《服制》规定的西式礼服

民国时期的西服（图5-38）在细节上与现代西服（图5-39）有所不同，直身不收腰，没有胸省等结构，衣摆为大圆弧形，常见两粒扣，驳领领面较宽，第一粒扣约在胸围水平线上。其他的细节，如口袋、开衩的设置等均与现在的西装一样。

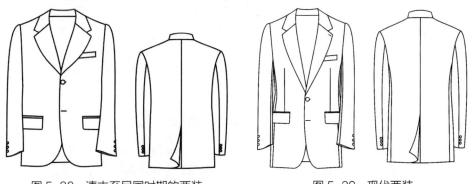

图 5-38　清末至民国时期的西装　　　　图 5-39　现代西装

西裤的款式与现在大致相同，但由于拉链在20世纪30年代才开始普及运用，所以裤子上的开口都是系扣式的。民国《服制》上绘制的裤子款式在前门的部位钉扣，裤腰上也钉着扣子（图5-40）。根据实物照片推测，这种裤子应该有两层，里层的里料与外层面料用裤腰上的扣子固定，这种形式的优点在于可以拆卸里料，使裤子适应的季节气候更广，在物质缺乏的年代尤为实用。

裤子的后腰为U形，服装上的U形在运动时曲线拉长，有改善运动功能的效果，同时实物资料显示裤子的后腰有时可钉上串扣，调节腰部的松量。

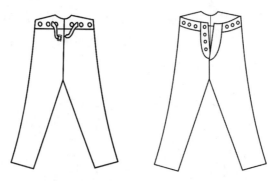

图 5-40　民国《服制》中规定的西裤

西式礼服鞋为牛津鞋（图5-41），也是清末和民国时最常见的鞋子。

民国时期，原本的中式帽已被西帽取代。在《服制》中只规定了两种西式礼帽，其中正式等级最高、与晚礼服搭配的高顶帽在广府地区较为少见，另一种呢帽比较常见。民间最常见的是一种平顶宽沿草帽，这种草帽与英国哈罗公学的硬草帽非常相似。草帽在岭南地区的实用性不言而喻，在各种影像资料中都是广府男性最常见的帽子。平顶草帽与呢帽款式见图5-42。

图 5-41　民国《服制》中规定
的西式皮鞋

图 5-42　民国时期广府地区流行的帽子

西式服装还有衬衫、西式背心等，不再一一赘述。

（三）日式学生装

日式学生装叫作"诘襟"，意思是"学生用洋服"，也来源于西装，最早在1873年出现。从形制看，口袋设置的数量、形状和位置，服装的结构等都与西装上衣相同，唯一的区别是封闭式的立领结构，具体款式如图5-43所示。这种服装结合了中西符号，既有西装的合体精干，又有中式服装的严谨持重。不少人认为中山装来源于日本学生装，从符号的对比看，是比较合理的。

与学生装搭配的裤子是西式裤子，黑色皮鞋和学生帽（图5-44）。

各校的学生装颜色不同，常见白色和黑色（图5-45）。广州的学生装白色较多，在声援五四运动的学生游行照片中，画面上的学生装全是白色的。有的学校搭配的帽子形状像军帽，或用图5-42中的平顶草帽。

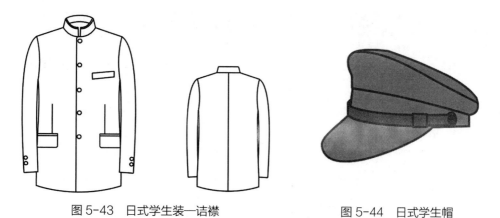

图 5-43　日式学生装—诘襟　　　　　　图 5-44　日式学生帽

图 5-45　1916年广州各学校学生植树

图片出处：谭惠全《百年广州》，北京：线装书局，2006：58。

第四节　清末民初广府服装服饰符号分析总结

一、清末民初广府东西方服装服饰符号汇总

（一）属项、类项、子项符号集（表5-1）

表5-1　清末民初广府服装服饰属项、类项与子项符号集

符号层级	符号体	符号集合与描述	所指意义
上装	大襟衫	侧襟，立领，衣袖连裁	清末、民国女性上衣
	对襟衫	对襟，立领，衣袖连裁	清末、民国女性上衣，民初政府规定女性礼服
	琵琶襟衫	琵琶襟，立领，衣袖连裁	清末民初女性上衣
	长衫	侧襟，长及足踝，立领，衣袖连裁	清末、民国上层及文职男性服装，民初政府规定男性礼服
	马褂	对襟或侧襟，衣长至脐，立领，衣袖连裁	清末、民国男性服装，民初政府规定男性礼服
	西服上衣	对襟，衣长过臀围线，衣袖分裁，平驳领，有口袋	清末、民国部分商人、留洋知识分子、职员、学生、思想开放男性上衣
上装	学生装	对襟，衣长过臀围线，衣袖分裁，立领，有口袋	清末、民国学校男校服
	短衫	长度及臀围，侧襟或对襟，衣袖连裁	清末、民国劳动男性服装，或中上层男性居家服装
	背心	无袖上衣	男女皆穿，男背心短至肚脐，女背心日益加长
	燕尾服	对襟，衣摆呈燕尾状，衣袖分裁，戗驳领，有口袋	民初政府规定男性晚间大礼服
	佛洛克外套	对襟，双排扣，衣长及膝，衣袖分裁，戗驳领，有口袋	民初政府规定男性晨间大礼服
	塔士多礼服	对襟，衣长过臀，衣袖分裁，戗驳领，有口袋	民初政府规定男性晚间大礼服
	晨礼服	对襟，衣摆呈大圆弧状，衣袖分裁，戗驳领，有口袋	民初政府规定男性晨间常礼服
	衬衫	对襟，衣长过臀，衣袖分裁，翻领	与西装搭配穿着
	西式背心	对襟，衣长及腰，无袖，无领	与西装搭配穿着
下装	大裆裤	左右连裁，无前开口	清末、民国男女下装
	西裤	左右分裁，有前开口	清末、民国男性西式下装，与西服上衣、学生装上衣搭配
	半身褶裙	长度过膝，有褶裥或自然褶	清末、民国女性下装
服饰品	布鞋	鞋面用布料制成的鞋子	中式鞋
	木屐	鞋底有两齿的木底鞋	中式鞋、广府特色鞋
	皮鞋	用皮料制成的鞋子	西式鞋

（二）领子细节项（表5-2）

表5-2　清末民初广府服装服饰领子的细节项变化符号集

细节项	符号体	描述	所指意义
结构	立领	一片式围裹颈部的领子	清末、民国男女中式服装领子，学生装领子
	平驳领	有领咀的翻驳领	西服上衣领子
	戗驳领	驳领的领角翘起的翻驳领	礼服和部分西服上衣领子
	翻领	围绕颈部，有翻折在外的领面部分的领子	衬衫领子
	无领	没有单独的领子结构	背心领子
高度	高立领	超过颈部中间的立领	清末民初男女中式服装领子，学生装领子
	元宝领	超过下颌的立领	清末民初男女中式服装领子
领角	圆领角	领角为圆形的立领	大部分时期男女中式服装的领角形态
	方领角	领角为方形的立领	清末民初部分男女中式服装的领角形态
装饰	无装饰	立领上没有镶滚边	男性立领，部分女性立领
	有装饰	立领上有镶滚边	清末民初部分女性中式服装的立领

（三）其他细节项（表5-3）

表5-3　清末民初广府服装服饰其他的细节项变化符号集

部件项	子项	符号	描述	所指
袖子	结构	衣袖连裁	衣身和袖子连在一起裁剪	我国传统裁剪和服装外观形式
		衣袖分裁	衣身和袖子分开裁剪	西式裁剪和服装外观形式
	长度	长过手腕	长度遮住手腕	男性服装，清末民初女性服装
		长至小臂中间	长度到小臂中间	1910年代后半期女性服装
门襟	中式	斜襟	门襟向右斜入肋下	中式服装中男女常见衣衫门襟形式，常服符号
		对襟	门襟在正中	西式服装门襟通用形式，中式服装礼服门襟符号
		琵琶襟	门襟有缺角，呈折现状	中式服装中男女常见衣衫门襟形式，常服符号
	西式	双排扣	门襟重叠较多，纵向钉两排扣子	西式服装中礼服符号
		单排扣	纵向钉一排扣子	西式服装常见符号，常服、礼服均可
衣身	宽度	衣身窄瘦	衣身、袖子较窄瘦	清末、民国女装款式符号
	长度	长度过膝	超过膝盖的长度	清末民初女装长度
		长度过臀	臀围线附近的长度	1910年代后期女装长度
	结构	省	为了胸腰塑形而出现的衣身内部结构	西式服装结构与裁剪符号
		分割线（断缝）	衣身断成不同裁片，再缝合的结构	我国传统裁剪有前后断幅的断缝结构，原因是土布幅宽不足；西式裁剪除了节省面料的原因外，也有立体造型的作用
	装饰、配件	口袋	衣裤上的贴袋、挖袋等	西式服装细节项符号

部件项	子项	符号	描述	所指
色彩图案	色调	较朴素的颜色	黑、蓝、灰、白等无彩色较多见	明末民初男女装服装色彩符号
	图案	纯色	面料为纯色，无图案	男装符号，大部分女装符号
		花色	面料有图案	洋布或工业制布符号
面料	来源	洋布	进口面料	清末、民国面料重要来源
		土布	自织面料	清末、民国面料重要来源

二、清末民初广府东西方服装服饰符号分析

（1）从上表中可以看到，清末民初西式服装被逐渐接受，西式男装体系基本全部被引进到国内，加上留日浪潮引入了日本的一些服装种类，因此男装的子项大大增加，呈现了多元化的符号特点。大体来说，男装可分为中、西两个体系，日本的学生装实际上也是从欧美服装演变而来，因此归入西式体系。表5-4列出了两个体系包含的符号：

表5-4　清末民初广府服装服饰中西符号归类

符号层级	符号集合	中式符号	西式符号
子项	—	长衫、马褂、短衫、大裆裤、布鞋、布靴、背心	西装、佛洛克外套、燕尾服、晨礼服、塔士多礼服、衬衫、西式背心、汗衫、棉线衫、学生装、军装、西裤、皮鞋、短袜、皮靴、高顶礼帽、呢帽、平顶草帽
部件项、细节项	领子	立领、圆领	翻领、翻驳领（平驳领、戗驳领）、圆领、V字领
	门襟	斜襟、对襟、琵琶襟	对襟、套头式
	袖子	衣袖连裁、一片式	衣袖分裁、两片式
	口袋	无口袋	有口袋
	扣子	纽襻式	纽扣式
	裤子	无前开口	有前开口
	鞋子	布面、木底、布底	皮面、皮底
	袜子	梭织布	针织布

（2）由于女性地位的原因，加上西方女装与中式女装相差太大，因此清末民初女装的子项没有改变，仍然是衫裙、衫裤的两件式着装形式，但女装出现了自体变化，出现了四个变化步骤，向国际化女装包含的廓型、舒适度和裸露程度靠齐。

①1897年左右衣袖开始收紧，长度变短。

②1907年左右元宝领开始出现。

③1913年左右露出小腿曲线（着丝袜）。

④1916年左右裸露出部分小臂。

这四个符号虽然微小，然而是对封建礼教的本质性突破。民国初年完成了显露体型、显露皮肤、塑造服装轮廓的基础性铺垫，为1920年代开始的倒大袖女装、旗袍和各种女性洋装的引入做好了准备。

（3）与19世纪不同，清末民初全社会服装风貌呈现出多样化的特点。清朝的群体着装差别体现阶层的差别，以面料的价格、服装体积的大小、服装装饰的多少进行区别，清朝的冠服制度以社会阶层等级发布界定禁令；而清末民初，群体着装差别体现的是中、西思想意识的差别，在服装上体现出两个完全不同的语言系统，民国的服制也恰恰从对中西两种服装的规定上体现了这一点。

（4）清末民初的社会阶层差异仍然存在。时尚的变化仍然对底层劳动人民没有意义，他们的着装简单朴素，很多穷苦的人甚至衣不蔽体。但整体看来，底层人民的服装也与时尚的整体特征一致，如清末开始兴起的立领，在劳动人群的服装上也有所体现。

（5）清末民初的服装出现了时尚化的现象，即特色款式突然出现，迅速流行，很快淡出。在时尚款式的生命周期内，追逐时尚的人有早有晚，亦有独立于时尚之外的保守人群。时尚的个体差异主要体现在年龄、身份、城乡差别上。比如元宝领在1912年进入流行的高峰期，有的画报早在1909年就出现了元宝领的款式；而摄于1913年的图5-46中的老年女性仍穿着普通高度的立领；图5-15的妇女到了1915年还穿着元宝领服装，而当时短衫长裙的女学生装已开始进入流行周期。

图5-46　1913年广州一家人在香港合影

图片出处：杨柳《羊城后视镜（2）》，广州：花城出版社，2017：267。

1920年代开始流行的旗袍，有不少人认为是女式旗袍背心加长后，与衫合为一体出现的，可见在民国初期短衫长裙的学生装流行的同时，民间也有另外的流行服装，只是由于资料的欠缺无法考证。

三、清末民初广府东西方服装服饰特点总结

（1）从城乡差别看，清末民初的女装出现较明显的城乡差别。接触西方思想较多的城市女性，特别是女学生引导时尚潮流，服装新派，表现为更朴素、简便和合

体，而传统的闺阁女子和乡郊女子服装要传统一些，色彩更艳丽，领口、袖口的装饰也比较多。

（2）社会的改变、新材料和工艺的出现对传统中式服装也有不小的影响。如女性马面裙朝着更适合运动的形式改变，同时裁剪方式也借鉴了西式服装。另外元宝领、窄衣身、裤子、口袋等都有引入西式元素的现象。棉线衫、汗衫、洋袜、皮鞋、帽子等外国商品由于其实用性，无论新派还是旧派都穿用。物美价廉的洋布也被广泛使用，人们购买了洋布后自制服装，一些影像资料显示了以往时代所没有的女性花布上衣。同时，洋布的冲击使土布开始衰落。除了香云纱的特性无法被洋布取代，蕉布、葛布、麻布、棉粗布等都由于工业制布的优势慢慢消失。

（3）清末民初广府的服饰与国内其他大城市基本相同，而胜在款式新颖。首先广州得地利之先，是最早接触进口商品的城市之一，虽然上海在民国时被公认为时尚中心，但广州毗邻港澳，在新产品、新技术、新文化方面始终有一定优势；其次广府民系一向有勇于尝新的精神，在清末民初的文化碰撞和摸索中，在服装服饰新形式的创新尝试方面，广州多次领风气之先，为女装的解放开辟了道路。

（4）对于西式服装的穿用和本土服装创新，广府服装仍然有着基于区域气候和民系性格而有所选择的倾向，与其他城市不同。如屈半农在《近数十年来中国各大都会男女服饰之异同》中说清末民初时各城市的服装："京津仍循宽博，沪上独尚窄小，苏杭守中庸，闽与浙类，汉效津妆。"唯有广东"独树一帜，衣袖较短，裤管不束，便利于动作也。时人称京式、广式、苏杭式。"（有资料显示，清末民初时北京地区平民的女衫身袖也收紧了，但裤脚还较宽。❶）再例如，帽子，虽然民国《服制》中规定了高顶礼帽和呢帽两种，但广府人最喜欢的是平顶草帽，军警、学生、官绅几乎人手一顶。另外，广州人最早穿皮鞋，与皮鞋耐雨抗湿的特性有关。

 ❶ 谭一. 清末民初北京地区平民女子的穿衣准则及成因探讨［J］. 中国民族博览，2018（1）：86-88.

第六章
民国中后期广府服装服饰符号与分析
（1920 — 1949 年）

经过清末民初中西文化的正式碰撞与交融，民国服装服饰的整体风貌基本稳定下来，并在1920—1930年代有所发展。男装的中西两个体系继续并存，在此基础上发展出了具有中式风格，但属于西式结构的子项——中山装。男性开始在中西两类服装中挑选穿着舒适的单品混合穿着，出现了长衫搭配西裤皮鞋的中西符号混合装束，文人戏称为"中学为体，西学为用"；西式服装上实用的口袋也出现在平民穿着的对襟衫上。

女装从悬挂式、遮蔽式的中式廓型，向着雕塑式、显露式的西式廓型继续前进。1910年代中后期出现了短衫长裙的"文明新装"，劳动女性的服装也相应地变为短衫裤，裤子与裙子都露出脚踝，到达小腿中部的位置，袖子短至小臂中间。进入1920年代后，窄小的袖口逐渐开始增大，出现了倒大袖款式的女装。

1920年代女装还出现了近代重要的旗袍，旗袍在1920年代处于流行的前期，普及率不高，北伐战争后进入流行高峰，成为1930年代女装的标志性符号。旗袍廓型柔和细腻、风格端庄典雅而具有现代美，与中国女性的气质相得益彰，作为近代女装的代表款式流传下来。新中国成立后，在香港、台湾等地区成为女性的常服和礼服（香港学习广州的叫法称旗袍为长衫）。在香港，1950—1970年代是旗袍的黄金期，女性在社交、工作、娱乐、居家的时候都穿着旗袍，香港不少学校至今还将旗袍作为校服，近百年来始终有人传承，形成了独特的旗袍文化。

民国时期社会有所进步，自由、民主、科学思想进一步深入人心，人们对新生活方式的探索不断深入扩大。电车、自行车、自来水、电风扇等各种现代工具和设施进入人们生活，女性放足运动、天乳运动、平权运动等浪潮一波波兴起。民国短短三十余年，推倒了千年帝制的专制思想和封建意识的桎梏。在1930年代时，人群中最新潮的一批人生活方式已经基本与国际接轨，着装与西方人没有什么差别，但同时社会底层的穷苦百姓仍远离时尚，新兴的工人阶层也因收入不高和劳动需要，服饰十分简便。

民国时期动荡不安，内乱不断，外敌侵略，而广州在近代革命史上处在风暴中心，承担着重要的革命责任和民族使命。广州各界积极支援平内乱、抗日侵运动，通过声援全国民主运动、捐献军队物资、慰问部队、参与大罢工、掀起抵制洋货运动等为近代革命做出了重要贡献。1938年广州在抗日战争中沦陷，1945年日本投降后进入内战，直到1949年10月才获解放。一方面由于动荡的时代背景，另一方面由于广府文化的保守性与功利性，与十里洋场的上海"嗲甜糯嫩"**❶**的风格相比，民国时期广州的女装呈现出较为素淡闲适的整体风格。

第一节　民国中后期服装服饰图像文字资料及分析

一、女性

（一）倒大袖女衫

1920年代，女装最常见的形制是短衫与裙、裤的搭配。短衫衣长在臀围线附近，合体收腰，侧襟，有的领口、袖口有一些深色滚边装饰，衣摆为圆弧形，也有尖形。立领出现了多次高低变化。据《广州民国日报》报道，五四时期曾流行过无领，1921又恢复有领，但领子"矮至四五分"，**❷**1925年又开始变为无领。**❸**

这个时期衫的流行重点在袖子上。进入1920年代，袖子起初还是窄小的袖口，袖口逐渐增大，到了1923年左右，出现了喇叭袖的形态，喇叭袖的袖口继续增大，到了1925—1926年，形成了非常明显的袖根窄、袖口肥的喇叭形状，被称为"倒大袖"。倒大袖独立于款式子项，在1920年代女子的短衫、旗袍上都出现了倒大袖。

裙子短至膝盖附近，裤子也短至小腿中部。从清末开始就出现了女子外出不系

❶ 王亚军. "羞闲素淡"与"嗲甜糯嫩"——浅议民国早期瓷绘与月份牌女性题材绘画之比较[J]. 收藏界，2011（3）：61-64.

❷ 凌伯元. 妇女服装之经过[N]. 广州民国日报，1930-01-04.

❸ 一庵. 妇女应改良的习惯[N]. 广州民国日报，1925-10-07.

裙，着裤外出的现象，但上层妇女始终保持着外出穿裙的习惯。

张爱玲在《更衣记》中写道："'喇叭管袖子'飘飘欲仙，露出一大截玉腕。短袄腰部极为紧小。上层阶级的女人出门系裙，在家里只穿一条齐膝的短裤，丝袜也只到膝为止，裤与袜的交界处偶然也大胆地暴露了膝盖。""短袄的下摆忽而圆，忽而尖，忽而六角形。"

图6-1是岭南大学的女学生合照，学生全部穿短衫长裙，一般衫为浅色，裙子为深色，或与衫同色。立领从1910年代的元宝领变来，仍然较高，袖子短至小臂中间。有的衫上有一些简单滚边。长裙是自然褶裙，袜子为白色或黑色的丝袜，脚穿皮鞋。1920—1921年的照片均显示，这段时间的袖口仍是窄袖口。

图6-2为1923年《广州民国日报》上刊登的丝袜广告，广告中似是主仆二人，穿着居家的衫裤，短衫宽裤，袖口已经出现了喇叭形。值得注意的是，民国后印花洋布服装增多，《广州民国日报》1923年的广告画中，女衫基本上都是印花、条纹图案。

图6-1　1921年的岭南大学学生

图片出处：广州市妇女联合会《广州妇女百年图录（1910—2010）》，出版社不详，2010：19。

图6-2　1923年的丝袜广告

图片出处：《广州民国日报》，1923年8月18日丝袜广告。

到了1926年，袖口更大，喇叭形非常明显，同时领子出现了无领。图6-3最左侧的女性领子为西式的扁领（翻领），图6-4女衫的底摆是尖形的，图6-5左一女性穿的是1920年代宽大的旗袍，也是倒大袖款式。

袖口适度宽大方便劳动，但倒大袖袖口过于宽大，运动功能性受到影响，因此倒大袖属于外观范畴的时尚产物，渗透到劳动女性中的时间较晚，形态也没有那么明显。例

图6-3　1926年广州妇女解放协会到沙基公坟公祭"六二三"惨案烈士

图片出处：广州市妇女联合会《广州妇女百年图录（1910—2010）》，出版社不详，2010：24。

图 6-4　1920 年代的西关小姐

图片出处：广州市妇女联合会《广州妇女百年图录（1910—2010）》，出版社不详，2010：24。

图 6-5　1920 年代摄于香港的照片

图片出处：摄自广东省博物馆"香港百年长衫展"。

如图 6-6 是与图 6-2 同期刊登在报纸上的广告，其中的平民女性服装袖子的形态基本保持筒状；图 6-7 摄于 1926 年，是倒大袖形态非常明显的时期，而女工的袖口只是普通放宽。图 6-6 和图 6-7 的服装与 19 世纪的劳动女性服装相比，除了衣服长度、袖子长度和裤子长度变短之外，几乎没有差别。1935 年一名执信中学女生观察当时的服装后提出了批评，也发觉了不同阶层服装的差异性，她最后议论到："我现在批评的服装纯在中上阶级中流行的，更在青年群中才见着，因为别的阶级中，我可以说他们或她们的衣服饰没有多大变化的。我可以说他们和她们的服装饰合乎经济原则，又能达衣服之目的；只不过有时是损了一点美。"❶

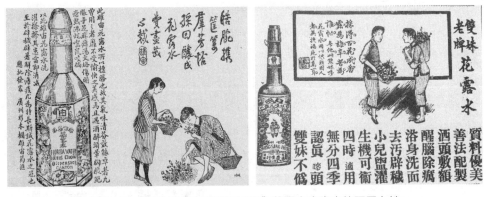

图 6-6　1923 年《广州民国日报》花露水广告中的平民女性

图片出处：《广州民国日报》，1923 年 8 月 18 日花露水广告。

❶ 露茵. 我对于现代流行的服装的批评［J］. 执信学生，1935（3）：42–46.

广府裳音——近现代广府服装服饰的符号学研究

倒大袖女装流行了十余年，大约在1934年左右消失。摄于1933年的广州妇女会照片（图6-8）显示，袖口的尺寸已经减小，有一些女性的袖口变得合体。

在1930年代后期，袖子变得更短，夏季时短过肘部，同时收紧，变成了窄瘦的袖子。

（二）旗袍

不少人考证旗袍的由来，都认为旗袍来源于女式长背心，而女式长背心1912年就已存在（见图5-14）。曾是民国记者的曹聚仁认为："旗袍的产生，大约在1914年到1915年间……最初是以旗袍马甲的形式出现的。即马甲伸长及足背，以代替原来的裙子，加在短袄上，到了北伐军北进，旗袍就风行一时。"在香港的旧画报和老照片中，有不少女性穿着旗袍马甲（图6-9、图6-10）。按照《良友》1940年第150期《旗袍的旋律》的说法，长背心在1925年出现，应是已经普遍流行，才引起了注意。而旗袍约在北伐期间（1927—1928年）开始风行的说法可通过多个资料印证。1929年，旗袍被民国政府定为女子礼服的一种，与衫裙装并列。

图6-7　1926年广州草鞋厂女工罢工

图片出处：谭惠全《百年广州》，北京：线装书局，2006：90。

图6-8　1933年广州妇女会召开大会选举第一届理事

图片出处：广州市妇女联合会《广州妇女百年图录（1910—2010）》，出版社不详，2010：41。

旗袍的产生和流行中心在上海，上海社会名媛、电影明星等摩登女性较多，她们在衣身宽窄、裙子和袖子长短、开衩高低等细节上不断创新，开发出了各种时尚款式，同时尝试各种精美的面料和装饰，推动了旗袍的演变。广府地区在旗袍文化上是上海的追随者，流行的时间要晚一些，穿着不及上海普遍，普通人群的式样也不如上海交际女性的旗袍那样丰富时髦（图6-11～图6-14）。从照片等资料来看，首先，广府女性似乎更喜爱两件式的着装，在1920—1950年代，每一个时期衫裙或衫裤装的比例都很高，特别是平民和劳动妇女，穿着旗袍的妇女多是年轻的名媛、公司职员、学生、教师、明星等；其次，公司职员、学生、教师等群体的旗袍款式

图6-9　1920年代初期
的长背心

图片出处：摄自广东省博物
馆"香港百年长衫展"。

图6-10　1920年代后
期的长背心和旗袍

图片出处：摄自广东省博
物馆"香港百年长衫展"。

图6-11　1930年代初广州女职员

图片出处：广州市妇女联合会《广州妇女
百年图录（1910—2010）》，出版社不详，
2010：26。

图6-12　1936中山图书馆职员合影

图片出处：广东省立中山图书馆《老广州》，广
州：岭南美术出版社，2009：212。

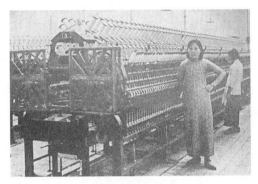

图6-13　1930年代后期纺织女工

图片出处：广东省立中山图书馆《老广州》，广州：
岭南美术出版社，2009：175。

在长度、开衩上较为保守，腰身较松，而时髦女性的旗袍款式十分艳丽。

广州的民国政府机关、媒体、学校等多次对鲜艳华丽的服装发文管束。如1933年
《女铎》报道《粤省约束妇女服装》，因财政厅女职员在衣饰上"踵事增华，实属有失
庄严"，所以通告说："照得女子在机关服务，同为政府公务人员，关于体态衣服，宜
有一种庄严之外观表示。虽女职员制服，现尚未有规定，亦应以质朴无华为主。乃查
近日日本署厅各女职员，间有未能免俗，力尚时髦，容饰则曲发染甲，抹粉涂脂，衣
饰则着绿穿红，争奇炫异，实属自贬人格，有失庄严，亟应纠正，以挽颓习。合行论
仰遵照，嗣后务宜力戒浮靡，洗净铅华，并须穿用土布衣服……"广州市社会局也发
现"市内妇女，每多裸足，益以所穿蝉纱艳服，五光十色，下裳亦随之裁短，致途人
侧目……对于一切奇异服装，均一律禁止。"❶还有《广州取缔奇装异服记》等多篇关

广府裳音——近现代广府服装服饰的符号学研究

　❶ 粤省约束妇女服装［J］. 女铎，1933，22（3）：105–106.

于整肃服装的报道。❶

广府普通女性穿着的旗袍衣身宽窄适中，长度随季节变化，冬季衣身较长，在足踝和小腿中部之间，夏季时仅盖过膝盖。立领，领高略显高，斜襟。袖子的长度也随季节变化，1920年代夏季旗袍的袖子盖过肘线，30年代以后短到大臂中间；冬季旗袍的袖子为中长袖或长袖。广府旗袍的开衩始终较低，时髦女子的旗袍开衩也最多到膝盖，高达大腿中部的旗袍仅在年历画中出现。

图6-14　1947年中共地下党领导学生举行抗议美军暴行示威

图片出处：广州市妇女联合会《广州妇女百年图录（1910-2010）》出版社不详，2010：57。

在面料上，官绅太太、明星、月份牌、广告牌明星等多见丝绸、透明纱质、雪纺等面料，而女学生、女职员、平民女性等一般是棉质的素色或印花布。图6-15中的旗袍款式非常新颖，袖子为黑色蕾丝面料，裙子侧边设计了一条弧形分割线，拼接了白色的打褶面料，这种衣袖分开、侧裙摆拼接打褶的裁剪形式完全是西式的。图6-16的透明面料旗袍在1930年代最摩登的女性中曾流行一时，透明面料露出里面的吊带衬裙，吊带衬裙也是西式符号。

图 6-15　1920—1930年代瑞昌西药行年历广告画

图片出处：摄自广东省博物馆"香港百年长衫展"。

图6-16　1934年源和洋行年历广告画

图片出处：摄自广东省博物馆"香港百年长衫展"。

---

❶ 古香斋. 广州取缔奇装异服记［J］. 论语，1935（74）：43.

虽然1930年代开始旗袍比较合体，但仍属于中式裁剪，与现代旗袍的裁剪方法不同，特点是衣袖连裁，不设胸省，因此外观与现代旗袍存在着一定的差别，肩袖造型更圆润，腋下有浮余量造成的褶皱，胸部造型平顺，整体廓型平直。

（三）衫裤装

上下分开的两件式着装从服装卫生学角度看，穿着更舒适，运动性能更好，更适合广府的湿热气候。因此，衫裤或衫裙的两件式着装在广府地区始终流行。女学生装也大部分保持衫裙的装束。

如前文所述，1923年至1934年女衫流行倒大袖，倒大袖退出流行后，袖口又变成筒状，到1930年代后期，夏季的衣服袖子缩短至肘部以上，收得更紧。倒大袖时期的圆弧形底摆重新变成直底摆，立领较高，衣长略长，左右开衩；相反，裤管宽大，形态与裙子接近，形成上窄下松的形态（图6-17~图6-20）。图6-18的摩登女子剪短发，大襟衫的袖子短到臂根，穿着几何图案的衫裤（这种图案显然来自西方），穿凉鞋，与其他阶层的妇女相比，格外新颖大胆。图6-19的纺织女工在织一种条纹布，瘦长的袖子和宽大的裤管是当时平民女性的典型装束。

图6-17 1930年代中期广州街头的女子

图片出处：广州市妇女联合会《广州妇女百年图录（1910—2010）》，出版社不详，2010：57。

图6-18 1930年代广州的时髦女子

图片出处：谭惠全《百年广州》，北京：线装书局，2006：147。

图6-19 1930年代后期广州纺织女工

图片出处：广东省立中山图书馆《老广州》，广州：岭南美术出版社，2009：175。

图6-20 1935年广东省立广州女子师范学校学生自治会全体职员

图片出处：广州市妇女联合会《广州妇女百年图录（1910—2010）》，出版社不详，2010：23。

（四）洋装

1930年代女装的流行时尚已经毫无阻碍，女性自由地选择着各种中西服装，出现了丰富的时装风貌。比如旗袍与各种洋装外套的搭穿，图6-21的不少女性在旗袍外面套上西式格子图案的翻驳领短上衣、大衣和西装上衣；图6-22的女性在冬季穿上各种西式大衣；图6-23的学生穿着衬衫和短裙，服装的种类、款式与现代服装基本没有差别。

图6-21　1935年3月8日广州各界妇女参加三八国际劳动妇女节庆祝大会

图片出处：广州市妇女联合会《广州妇女百年图录（1910—2010）》出版社不详，2010：42。

运动服、泳衣等西式服装也不再是新鲜事物。图6-24女运动员穿着短袖短裤的运动服，与1920年代穿大襟衫裤参加运动会的情形不可同日而语。

图6-22　1930年代中期广州女大学生

图片出处：广州市妇女联合会《广州妇女百年图录（1910—2010）》，出版社不详，2010：23。

图6-23　1940年代学生运动

图片出处：杨柳《羊城后视镜4》，广州：花城出版社，2017：102。

图6-24　1933年5月广东省第十二届运动会

图片出处：广州市妇女联合会《广州妇女百年图录（1910—2010）》，出版社不详，2010：22。

二、男性

（一）西装与长衫马褂

民国男装基本是西式服装和中式服装二分天下的局面。然而继1910年代掀起了西装热以后，到了1920年代，有不少知识分子反而放弃西装，改穿长袍马褂，大多数知识分子在关于穿洋装还是穿中装的讨论中表示了对洋装的不屑。究其原因，第一是出于文化情感，鲁迅先生在《洋服的没落》（1934年4月5日，《申报·自由谈》）中提到，五四运动后，"北京大学要整饬校风，规定制服了，请学生们公议，那决议的也是：袍子和马褂！"，林语堂在《论西装》中将穿西装的人总结为"昏聩惧内的人""外国骗得洋博士的人""洋行职员、青年会服务员及西崽""华侨子弟、党部青年、寓公子侄、暴富商贾及剃头师傅"等，语气十分不屑。第二个原因是西装的舒适性争议，人们认为穿西装"脖子、腰、脚全上了镣铐，行动感到拘束，哪有我们的服装合理，西洋就是这件事情欠通。"（徐志摩），"不合卫生"（鲁迅），林语堂在《论西装》中说："冬天妨碍御寒，夏天妨碍通气，而四季都是妨碍思想，令人自由不得。"第三个原因是经济原因，与长衫相比，定制一套西装的价格较为昂贵，在物价水平相对稳定的三十年代，一套西装的价格为三十银圆，比一个工人一个月的工资还要多。在种种因素的影响下，1929年民国政府第二次出台服制条例，西装和各种西式礼服在文件中消失，取代的是类似学生装的立领上衣搭配西裤，以及一款翻领对襟大衣；长衫马褂是第一礼服。

在广府地区，情况与全国相同，有一定的社会地位、年纪较长的男性喜爱长衫马褂，而具有海外留学背景或喜爱时尚的男性，特别是青年男性，大多数选择穿西装。图6-25中的男性多为年纪较长的工程师与政府工作人员，穿长衫者多，而图6-26的广州中学教师比较年轻，中学教师在当时属于收入较高的群体，他们大部分穿西装，穿长衫的仅有两人，其中一人为老者。

图6-25 1920年代广州工务局长程天固与市政人员

图片出处：杨柳《羊城后视镜2》，广州：花城出版社，2017：4。

图6-26　1930年代广州中学教师

图片出处：广东省立中山图书馆《老广州》，广州：岭南美术出版社，2009：284。

（二）中山装

中山装是由孙中山先生首先穿着和大力倡导的，其起源说法不一。有的说法认为是孙中山自己画图设计的，有的认为是根据学生装、英国猎装或南洋企领文装改服而成，而中山装出现的时间也有1916年、1923年等说法。从1928年开始，内政部、南京市政府、东北各级机关等就陆续规定职员一律穿中山装；北伐胜利后，1929年4月16日，第二十二次国务会议议决《文官制服礼服条例》明确"制服用中山装"，中山装正式登上历史舞台，此后1930年代政府多次推行中山装，将中山装定为公务员制服；1943年，汪伪政权颁发《国民服制条例》，正式将中山装定为礼服和常服。图6-27为1940年代广东银行职员的合照，照片中的男性全部穿着中山装。

图6-27　1940年代广东银行职员

图片出处：广东省立中山图书馆《老广州》，广州：岭南美术出版社，2009：146。

（三）衫裤装

社会中占比例最大的平民阶层穿衫裤装。衫为对襟短衫，长度到臀围线，身袖略宽松，立领，衣袖连裁；裤子为直筒大裆裤，裤脚较宽。图6-28中的学生穿着立领短衫、西裤、皮鞋，戴着鸭舌帽、小帽、礼帽等各种帽子；图6-29中广州街头的男性大多数带着草帽，穿短衫加大裆裤，里面套着针织汗衫。

这套衫裤的组合与清末没有太大差别，区别在于借鉴西服的口袋，中式短衫上也出现了各种口袋。

图6-28　1925年岭南大学圣诞公宴

图片出处：谭惠全《百年广州》，北京：线装书局，2006：99。

图6-29　1924年广州街景

图片出处：杨柳《羊城后视镜4》，广州：花城出版社，2017：317。

第二节　民国中后期广府服装服饰符号集

一、女性

（一）倒大袖（约1923—1934年）

倒大袖女衫可分为倒大袖大襟衫和倒大袖旗袍，长短不一，领型为立领或无领，底摆有圆弧形和尖形等。袖子的特点是袖根的围度小于袖口尺寸，呈喇叭形，袖长超过肘部，在小臂中间到肘之间。款式图见图6-30和图6-31。

倒大袖大襟衫搭配自然褶长裙，长裙的长度一般超过小腿中部。长裙的颜色与衫相同或为深色，黑色长裙较常见。

上述倒大袖衫裙套装的穿着人群主要是中上层女性。劳动女性的服装是倒大袖大襟衫与裤子搭配，衫的长度一般盖过臀部，袖口的尺寸也没有中上层女性那么夸张。下面搭配的裤子长度稍短，较肥大，夏季时可露出部分小腿。

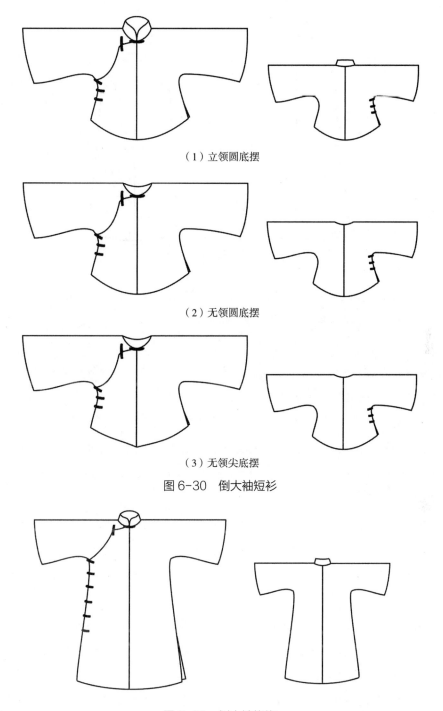

（1）立领圆底摆

（2）无领圆底摆

（3）无领尖底摆

图6-30　倒大袖短衫

图6-31　倒大袖旗袍

（二）旗袍（约1925—1949年）

　　如前所述，很多人认为旗袍起初由旗袍马甲（长背心）演变而来，在1920年代的年历画、照片中有不少穿着长背心的女性形象，博物馆收藏的实物中也有长背心。长背心为侧襟，长度盖过膝盖，立领，无袖，与短衫套穿（图6-32）。

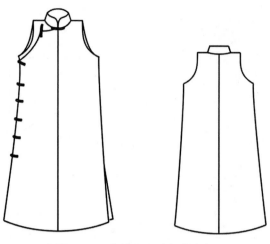

图6-32 旗袍马甲（长背心）

旗袍约在北伐战争的时候在全国流行。初期（1920年代后期）的旗袍非常宽松［图6-33（1）］，到1930年代前半段开始收紧，但收紧的手法比较简单，仅减小围度，侧缝呈直线形［图6-33（2）（3）］；1930年后半段到1940年代的旗袍借鉴了西式裁剪的方法，在收紧廓型的同时，按照人体轮廓的曲线裁剪侧缝，使旗袍更加贴合人体，增加了曲线美（图6-34）。

在领型上，旗袍多是立领；袖长根据季节变化有长有短，1920年代的旗袍常见倒大袖，即使冬天，袖口也露出一部分小臂；倒大袖的流行期过后，袖口收紧，冬季的袖子到腕部，夏季的袖子露出肘部；在1930年代末尾的时候，袖子短到臂根的抹袖出现。

旗袍的长度随着时间而出现流行的变化，长的时候到足踝，短的时候盖过膝盖，但在新中国成立前旗袍的长度都在膝盖下。开衩的高低也有不同，从照片看，普通妇女的日常旗袍开衩都比较低，至少盖过膝盖。在年历画和明星画报上会出现开衩到大腿中部或以上的情况。

在面料上，普通女性最常用棉布，颜色素雅，当时较流行条纹图案；上层妇女用丝绸，在领口、袖口和裙摆做镶滚边装饰，较为华丽；还有一种薄纱的半透明面料旗袍，露出衬裙轮廓。

西式面辅料、配件和一些实用的设计影响了旗袍的结构和外观。例如，由于旗袍收紧，同时工业生产的面料幅宽变大，所以到了1930年代，以往中式服装前后断幅造成的前后中心缝合线不见了，当然也有一些旗袍仍然保留着这两条缝，如图6-33（2）为窄幅裁剪旗袍，前后中心有缝合线，图6-33（3）为宽幅裁剪旗袍，前后中心缝合线消失了。到了1930年代后期，旗袍的侧缝采用曲线裁剪，前后断缝全部取消；摁扣的出现使纽襻在旗袍上不再是必须的，从而出现了没有纽襻的旗袍，从外观看来非常简洁，见图6-35和图6-36。拉链在1940年代开始在世界范围内广泛应用，新中国成立前在旗袍上的使用非常罕见。

但是新中国成立前的旗袍一直是中式的衣袖连裁形式，没有胸省和腰省。到了1950年代，旗袍在内地逐渐消失，而香港却发展了长衫文化。五六十年代香港长衫迎来黄金期，裁缝们更多地引入西式裁剪技巧，在旗袍上加入了胸省和腰省，有一些款式也采用了装袖结构，旗袍的胸部和肩部更加突出，造型更加立体（图6-37）。

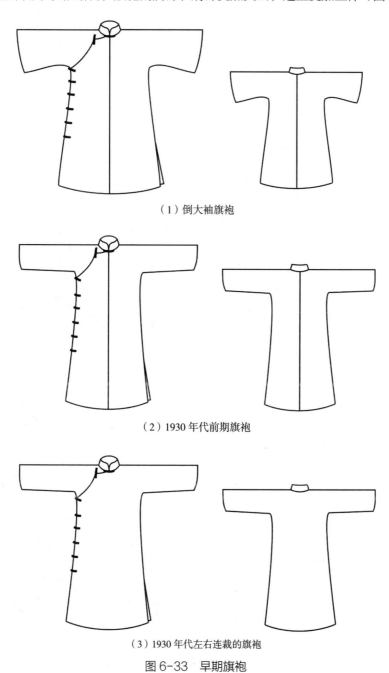

（1）倒大袖旗袍

（2）1930年代前期旗袍

（3）1930年代左右连裁的旗袍

图6-33 早期旗袍

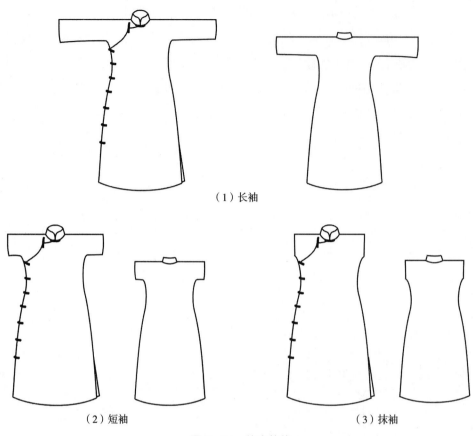

（1）长袖

（2）短袖　　　　　　　　　　　　　　　　　　（3）抹袖

图 6-34　修身旗袍

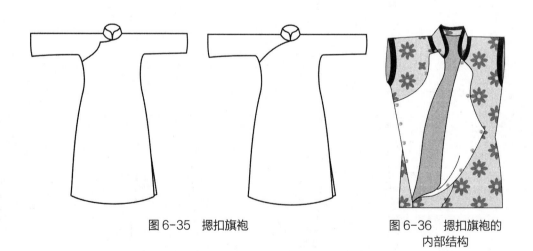

图 6-35　揿扣旗袍　　　　　　　　图 6-36　揿扣旗袍的
内部结构

（1）现代旗袍外观（1968年代表香港参加环球小姐比赛的翁茵茵）

（2）现代有胸腰省的旗袍结构

图6-37　有胸腰省结构的现代旗袍

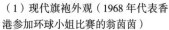

（三）衫裤／衫裙

衫裙与旗袍一样，属于正式场合穿着的服装，而衫裤一般是劳动女性服装或居家服装。在倒大袖服装流行过后，女性短衫的袖子恢复窄瘦，夏季袖长缩短到肘部以上；立领，衣长到臀围线位置附近，直底摆（图6-38）。搭配的裤子或裙子较宽松（图6-39）。

与旗袍一样，多数短衫去掉了前后中心线的断缝，左右连裁。

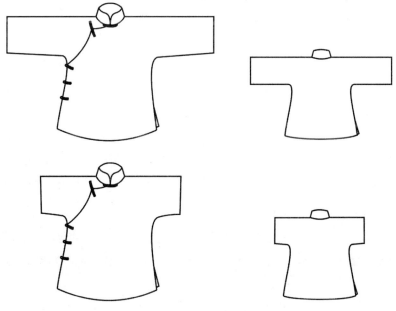

图6-38　1930年代中后期的女衫

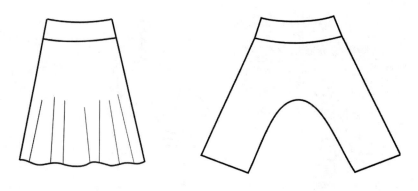

图6-39　1920—1949年的裙子和裤子基本款式

（四）扣子

在扣子的设置形式上，根据领子的高低和款式不同，女衫和旗袍领子上可有一粒扣、两粒扣和三粒扣，门襟上的扣子也根据美观和实用的原则，有多种组合方式（图6-40）。

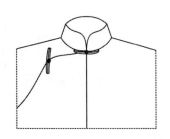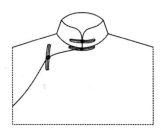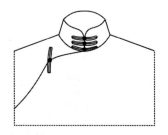

图6-40　1920—1949年中式女衫领扣形式

在中式服装的扣子上，手工做的布纽襻减少了，由工业生产的纽带和金属、皮质、贝类、塑料的纽结组合的纽襻较多，女装上的摁扣也较多；西式服装都是现代的扣眼式扣子。

（五）洋装

从1930年代开始，女装品类中出现了大量洋装，包括各种大衣、西装、外套、衬衫、短裙、针织衫、毛衣、运动服、运动鞋等（图6-41～图6-43），文胸也在1920年代末期出现。这些洋装款式多种多样，面料、颜色、图案和裁剪完全是西式的，与现代服装的种类基本没有差别。

在鞋子方面，除了常见的平底布鞋和系带式皮鞋，高跟鞋明显增多，敞口式的皮鞋、系带皮鞋都有（图6-44），鞋带、鞋面的颜色、图案和款式变化丰富。

图 6-41　1930—1949 年女性大衣（示例）

图 6-42　1930—1949 年女性衬衫、外套、毛衫等（示例）

图 6-43　1930—1949 年女性短裙

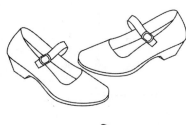

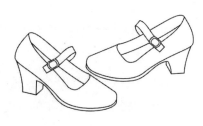

图 6-44　1920—1949 年女性常见基本鞋型

二、男性

（一）长衫马褂

长衫马褂仍然是男性的传统服装，是民国政府规定的礼服。长衫马褂的形制与民初的时候没有区别（图6-45）。

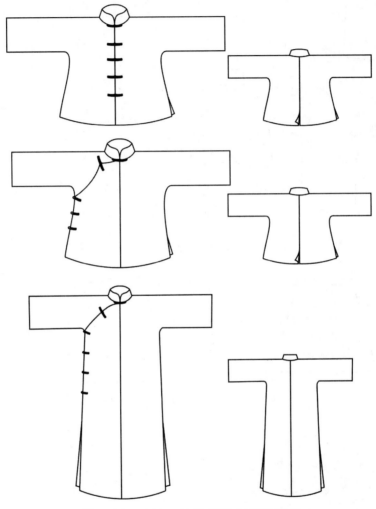

图6-45 1920—1949年男式长衫与马褂

（二）西装和大衣

1920—1949年的男性西装仍是宽松的H型裁剪，不设腰省和分割线，底摆呈大圆弧状。款式变化体现在领子的高低和扣子个数上，常见两粒扣和一粒扣西装，也有2＋4型双排扣的款式（图6-46）。西裤的款式比1910年代更加精细，去掉了腰带上的纽扣，加上裤襻，又增加了侧口袋和带袋盖的后口袋（图6-47）。

男式大衣常见两种，一种是双排扣戗驳领大衣，另一种是单排扣平驳领大衣（图6-48）。

西装里面搭配的衬衫与背心不再赘述。

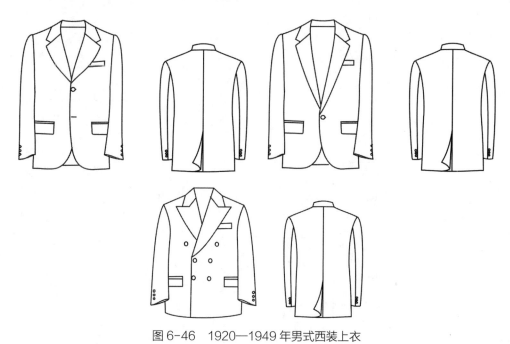

图 6-46　1920—1949 年男式西装上衣

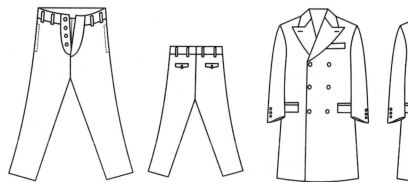

图 6-47　1920—1949 年男式西裤

图 6-48　1920—1949 年男式大衣

（三）中山装

中山装衣身和袖子的结构与西装一样，不同之处在于领子为关闭式，口袋左右对称，是有袋盖的立体贴袋，后背没有断缝（图6-49）。

（四）衫裤装

社会下层的普通劳动者穿着最多的是短衫与裤子，短衫常见对襟衫，也有大襟衫，立领，长度到臀围线以

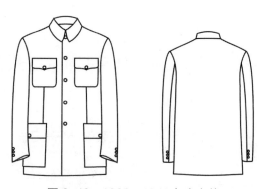

图 6-49　1920—1949 年中山装

下，衣袖连裁（图6-50、图6-51）。这个时期的男式对襟衫借鉴了西式服装的口袋，多了三个贴袋。裤子也多是大裆裤。

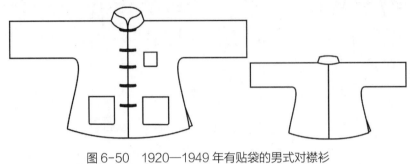

图6-50　1920—1949年有贴袋的男式对襟衫

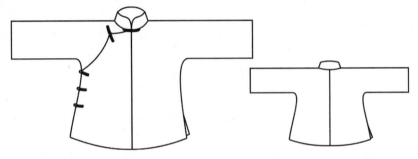

图6-51　1920—1949年男式大襟衫

这段时期的鞋帽与1910年代相同，最常见的仍是平顶草帽、呢帽和牛津鞋（图6-52）。劳动者多穿布鞋、木屐、草鞋者。

图6-52　1920—1949年男式常见鞋帽

第三节　民国中后期广府服装服饰符号分析总结

一、民国中后期东西方服装服饰符号汇总

（一）旗袍与中山装的符号系统归属

从服装符号特征的比较来看，旗袍起源于旗人服装，在服装结构上与中式服装

相同，虽然后期的旗袍在对人体的表现和蕴含的文化意味上与西式服装趋同，但在本质上归属于中式符号体系，符号比较见表6-1；而中山装起源于洋服，在服装结构上与西装、近代军装、学生装等近似，虽然封闭式的领型使服装呈现出端庄严谨的中式气质，但在结构上归属于西式符号体系，符号比较见表6-2。因此，旗袍可认为是中式服装的西化，而中山装可认为是西式服装的中化，两者在符号体系归属上有着本质的不同。然而如果从诞生地与穿着者的角度认定，则旗袍与中山装都属于中式服装。

表6-1　1930年代以后旗袍与清末民初女式大襟衫细节项符号的比较

子项	廓型	衣长（至）	领型	门襟	袖子	镶滚边	面料	颜色图案	搭配穿着
旗袍	合体	膝盖至足踝	立领	斜襟	长袖、中长袖、短袖、抹袖	镶滚边可有可无	选用的面料相同	常见的颜色图案相同	丝袜或裸腿
女式大襟衫	较宽松	大腿中部至小腿中部			长袖				裤子或裙子

表6-2　中山装与常见男装子项细节项符号的比较

子项	廓型	衣长（至）	领型	门襟	袖子	口袋	扣子个数	面料	常见颜色
中山装	合体	相同	翻领	封闭式	相同	四个贴袋，倒山形袋盖	5	毛呢	黑色、灰色、深蓝色
学生装			立领	封闭式		三个嵌袋	5	毛呢	黑色、白色
西装上衣			翻驳领	敞开式		三个嵌袋	1～6	毛呢	黑色、灰色、深蓝色、白色
1930年代军服			翻领	封闭式		四个贴袋，倒山形袋盖	5	毛呢或棉	深绿色、灰色

（二）民国中后期广府女装属项、类项与子项符号集（表6-3）

表6-3　民国中后期广府女装属项、类项与子项符号集

层级	符号体系（中／西）	符号体	符号集合／符号描述	所指意义
上衣、下装	中式	短衫	衣长在腰围线至大腿中部之间，侧襟，立领，衣袖连裁	民国时期女性中式上衣，与裙搭配的衫裙装在1929年被政府规定为女性礼服

层级	符号体系（中／西）	符号体	符号集合／符号描述	所指意义
上衣、下装	中式	旗袍	衣长在膝盖至足踝之间，侧襟，立领，衣袖连裁	约 1920 年代后民国女性中式裙装，1929 年、1943 年政府规定为女性礼服
		裙子	自然褶裙，长度过膝盖	民国时期女性裙装，与短衫搭配的衫裙装在 1929 年被政府规定为女性礼服
		大裆裤	左右连裁，无前开口	民国女裤装
	西式	西服上衣	对襟，衣长过臀围线，衣袖分裁，平驳领，有口袋	1930 年代后女性西式外套之一
		毛衣	毛织物，长度及臀围，对襟或套头，衣袖分裁	民国时期女性西式保暖服装之一
		大衣	毛呢面料，长度达膝盖到足踝，常见翻领、翻驳领或毛领，衣袖分裁	1930 年代后女性西式外套之一
		西式外套	对襟，衣袖分裁，各种领型，长度不一	1930 年代后女性西式外套之一
		衬衫	薄棉或纱面料，长度到臀围线附近，翻领、扁领或荷叶领等，长袖或短袖	1930 年代后女性西式服装之一
		连衣裙	长度达膝盖到足踝，除立领外的各种领型，对襟或无门襟	1930 年代后女性西式服装之一
		运动背心套装	针织服装，无领，套头式，短袖，短裤	1920 年代后女性运动比赛服
		半身褶裙	长度过膝，有褶裥或自然褶	清末、民国女性下装
服饰品	中式	布鞋	鞋面用布料制成的鞋子	中式鞋
		木屐	鞋底有两齿的木底鞋	中式鞋，广府特色鞋
	西式	皮鞋	用皮料制成的鞋子	西式鞋

（三）民国中后期广府服装袖子的细节项变化符号集（表 6-4）

表6-4　民国中后期广府服装袖子的细节项变化符号集

变项	符号体	符号集合／符号描述	所指意义
形状变项	倒大袖	袖子为喇叭形	1920—1930 年代初期的女性流行袖型
	束袖	袖子合体	1930 年代后期—1940 年代的女衫
长度变项	长袖	长度到腕部	温度较低的季节
	中长袖	长度到小臂中间	温度较低的季节
	短袖	长度到肘部上面	温度较高的季节，1930 年代后期出现的袖型
	抹袖	长度及臂根	温度较高的季节，1930 年代后期出现的袖型

（四）民国中后期广府男装属项、类项与子项符号集（表6-5）

表6-5 民国中后期广府男装属项、类项与子项符号集

层级	符号体系（中／西）	符号体	符号集合／符号描述	所指意义
上衣、下装	中式	短衫	衣长在臀围至大腿中部之间，对襟或侧襟，立领，衣袖连裁	民国时期男性中式上衣
		马褂	衣长在腰围线上，对襟，立领，衣袖连裁	民国时期男性中式上衣，与长衫搭配，在1929年被政府规定为男性礼服
		长衫	侧襟，长及足踝，立领，衣袖连裁	民国时期男性中式上衣，与马褂搭配，在1929年被政府规定为男性礼服
		中山装	对襟，衣长过臀围线，衣袖分裁，翻领领，有对称的四个口袋	民国时期出现的新式男装，1943年被政府规定为男性礼服
		大裆裤	左右连裁，无前开口	民国中式男裤装
	西式	西服	对襟，衣长过臀围线，衣袖分裁，平驳领，有口袋	民国时期男性西式外套之一
		毛衣	毛织物，长度及臀围，对襟或套头，衣袖分裁	民国时期男性西式保暖服装之一
		大衣	毛呢面料，长度达膝盖到足踝，常见翻领、翻驳领或毛领，衣袖分裁	民国时期男性西式外套之一
		衬衫	棉面料，长度到臀围线附近，翻领，长袖	民国时期男性西式服装之一，与西装同穿
		运动背心套装	针织服装，无领，套头式，短袖，短裤	1920年代后男性运动比赛服
		西裤	左右分裁，有前开口	民国时期男性西式下装
服饰品	中式	布鞋	鞋面用布料制成的鞋子	中式鞋
		木屐	鞋底有两齿的木底鞋	中式鞋，广府特色鞋
	西式	皮鞋	用皮料制成的鞋子	西式鞋

二、民国中后期广府服装服饰符号集分析

（1）1920年代后到1937年是民国服饰最丰富繁荣的时期，洋服全面进入男性和女性的生活，中国也发展出了自己的特色服装——旗袍和中山装。1920—1940年的民国虽然内忧外患，但在经济上取得了一定的发展，人们对服饰的关注度空前，媒体对各式服装的舒适度、美观度、伦理、时尚等展开了热烈的讨论。

检索"民国时期期刊全文数据库"显示，1905—1949年关键词为"服装"的期刊文章有4646篇，1930—1939年有2875篇，占整体的62%；在1930年代，又以1930—1936年最多，1937年开始锐减（图6-53）。

1937—1945年中华民族全面抵抗日军侵略，服装受到严峻的政治、经济局势影响。受到经济和社会动荡的影响，华丽招摇的服装不再常见，同时中山装和学生装等具有身份符号的服装危险性也大大增加。"穿中山装制服、理平头或西装头的青年人"，成为日军"重点屠杀的对象"。❶长衫马褂和平民的衫裤成为常见服装。因此1940年代的服装一般式样简单，颜色朴素，廓型适度，便于活动。

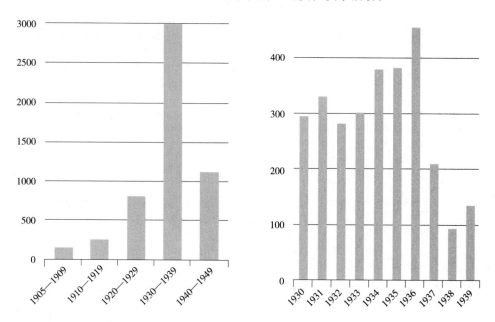

图6-53　晚清至民国时期关于服装的期刊文章数量（横轴为年份，纵轴为篇数）

（2）从符号集的汇总情况看，继1910—1920年代男装全面接受西式服装以后，1930年代开始，女式洋服也全部进入中国女性服装体系（表6-6）。1930年代的女式服装种类中，洋装种类远远超过中装。

表6-6　1930年代女性服装的中西符号

符号层级	符号集合	中式符号	西式符号
子项	—	短衫、旗袍、裙子、大裆裤	西服上衣、毛衣、大衣、西式外套、衬衫、连衣裙、运动背心套装、半身褶裙

❶ 黄健民，肖宗英. 日军入侵兴国罪行录 [J]. 党史文苑，1995（4）：16.

符号层级	符号集合	中式符号	西式符号
部件项、细节项	领子	立领、圆领	圆领、翻领、翻驳领、扁领、毛领、荷叶领
	门襟	斜襟	对襟、套头式
	袖子	衣袖连裁的一片式	衣袖分裁的两片式
	口袋	无口袋	有口袋
	扣子	纽襻式	纽扣式
	裤子	无前开口	有前开口
	鞋子	布面、木底、布底	皮面、皮底
	穿着方法	上衣盖住下装腰头	上衣束进下装的腰头

同时，西式服装的细节项符号被中式服装部分借鉴引入，例如，在民国女衫的里襟上出现了口袋（图6-54）；有一些女性的中式短衫领型为西式翻领；旗袍后期采用了西式的曲线形裁剪方法等。

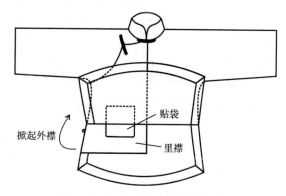

图6-54　里襟缝贴袋的大襟衫

（3）1920—1930年代是妇女身体获得解放的年代，也是隐蔽人体的东方服装美学向展现人体的西方服装美学转变的关键年代，具体表现在：

①思想意识的转变。1930年代进入"曲线美时代"，报纸杂志纷纷发表"女性的曲线美""新女性健美与曲线美"等关于女性美的讨论，"健全的体格，表露女性的曲线"成为民国女性身体美的主要评判标准。《广州民声日报》1941年11月的报刊上就出现了对典型美女的描述："美丽的，诱人的，柔软丰满的曲线身段，和那更动人的放着可爱光芒的眼睛，及充满着青春的神态。这是千万人所公认的现代女性的典型。"❶

---

❶ 董云霞. 民国时期身体消费现象在广告中的具体呈现——以《广州民声日报》（1939—1943）为例［J］. 新闻研究导刊，2018，9（23）：214-216.

②天乳运动。1927年，一大批新知识分子和开明官绅从女性身体健康与国家民族复兴的关系出发，号召女性揭开束胸，恢复自然的身体形态。天乳运动获得了社会舆论的支持，得到了普遍接受和肯定。

③展露身体曲线。1930年代中后期，旗袍的侧缝按照人体轮廓曲线裁剪，完全展现了女性身体曲线；将上衣束进裤子或裙子里的穿着方法也展露了人体。

④裸露面积增加。从倒大袖开始，女性的手臂裸露的面积越来越多。到1930年代后期，手臂完全露出。旗袍的长度短至膝盖，并通过开衩露出腿部，裸露面积增大。

⑤用透明面料展现人体。部分时髦的旗袍使用半透明的纱质面料，露出衬裙的轮廓，肩部和前胸皮肤若隐若现。

⑥使用配饰品强调身体部位。一些女性在胸前佩戴胸花、金属饰品等配饰物，在丝袜上绣上深色的绣花等。❶

（4）1920—1949年社会服饰呈现出更多元的风貌。清代的服饰差别表现为阶层差别，清末民初表现为中西文化差别，而民国中后期个体的差别比前两个时期明显。期刊文章的数量之多足以证明人们开始基于自己的穿着经验和审美观对服装进行判断；影像资料也显示同一阶层的女性虽然表现出某一时尚款式的趋同性，但个体的差异也同时存在。

（5）底层劳动人民的服饰仍然保持基本样式，在款式上与清代、民初没有大的差别。但从面料和图案看，条纹图案、格子图案等工业生产的洋布还是在一定程度上影响了他们的服装。

（6）广州是近代革命的策源地，1925年、1931年、1949年分别成立或迁入国民政府，在近代史上具有重要的政治地位，因此近代的广州革命意识领先、政治风气较浓。体现在服装上，表现为政府对服装的管束尤为繁多。在民国期刊文章和报刊新闻中，以广东省政府、机关和学校发出的服装整束命令最多，命令一般都要求服装力戒奢华，以朴素为美，甚至要求使用土布。从照片等影像资料看，教师、职员、工人等普通女性的服装比较朴素保守，与年历画中的形象相去甚远。

（7）由于气候特点，广府服饰仍然秉持一贯的简装与凉爽原则。与旗袍相比，衫裙和衫裤的两件式着装更利于散热，因此平民穿衫裙和衫裤装的在每一个时期都比较常见。同时，草帽、裸足、木屐始终是广府的特色服饰品。"几身短衫裤，一双木屐，男女人们几乎可以整年穿着……袜子好像可以不必穿。"❷香云纱服饰虽然在

---

❶ 曾越. 社会·身体·性别——近代中国女性图像身体的解放与禁锢［M］. 桂林：广西师范大学出版社，2014：123-132.

❷ 亦英. 羊城琐话［J］. 申报月刊，1935，4（9）：78-81.

广府裳音——近现代广府服装服饰的符号学研究

影像资料中反映不足，但在关于广州的文字记录中，香云纱依然是广府特色。郭沫若在《创造十年续编》（1938年1月）中写到他1926年来访广州："但是有一种景象觉得比任何名画家的圣母玛利亚还要动人的是那些穿着黑而发亮的香云纱、驾着船、运着货物的很多的女人……"

第七章
新中国成立至改革开放前广府服装服饰符号与分析（1949 — 1978 年）

广州在 1949 年 10 月 14 日迎来解放，是中国最晚解放的头等大城市❶。在连年战乱之下，广州几乎是一个饱经摧残和压榨的烂摊子，治安混乱，赌博、妓院猖獗，经济秩序崩塌，社会满目疮痍，百业待兴。解放军进城后，作风朴实，纪律严明，生活清苦，查禁赌场、妓院，打击黑势力，修复受损的桥梁建筑，恢复经济秩序，受到群众的热烈拥护。全国上下积极投入新社会的建设中，人们焕发出蓬勃的朝气，社会风气积极向上。

新中国成立前后的广州在意识形态上有着很大的区别。近代以来广州一直是国民党盘踞的城市，崇尚资本主义和自由主义；解放区的新气象在新中国成立后才全面影响了广州，共产主义和集体主义的新型意识形态从根本上影响了服装服饰的发展。在新中国成立初期到改革开放前，军服、中山装、干部装、工人装等成为象征国家和集体的政治符号，成为最主要的服装种类；同时由于中国与苏联紧密的国家关系，在 1960 年代前，列宁装等苏联式服装在中国也广为流行。

新中国成立至改革开放的这段时间可分为两个阶段：1950—1958 年的经济复兴期，和 1958—1979 年的政治运动期。在 1953—1957 年的"一五计划"成功实施后，国家经济得以重建，广州市的工农业生产和交通运输、邮电、商业、对外贸易、财政、金融等各项经济事业迅速发展，社会欣欣向荣，女性的服饰也比较漂亮。从 1958 年开始，特别是 1960—1970 年，社会阶层重新分布，国家干部、军人、工人、

---

❶ 新的中国新的广东［N］. 南方日报：1949–10–23.

农民等群体被赋予社会价值，享有荣誉，自由主义、个人主义和个性发展的意识在集体的海洋中淹没。在这样的背景下，服装的社会属性远远超越其日用品的自然属性，人们给服装重新赋予了社会意义，服装成为人最重要的外在符号，代表着人的思想和意识形态。人们为了规避风险，寻求社会认同的心理触发了全社会服装趋同的结果。服装去个性化、去性别化、去地区化，形成了另一种"无选择"的时尚流行。

第一节　新中国成立初期广府服装服饰图像文字资料及分析（1950—1966年）

广州解放后的一两年内，一些女性还穿着旗袍等服装，但这些旧式服装很快就被军装和列宁装取代。列宁装是1950年代影像资料中出现最多的女性服装，其次为军装、衬衫等服装。由于此时商业不发达，衣服大部分都是自制自穿，服装受传统习惯、制作水平、布料、款式、配件的限制，因此在广府地区，特别是年纪比较大的男性和女性、乡郊百姓和务农人口中，传统的女性大襟衫裤、男性对襟衫裤的服装组合占很大比例。

一、女性

图7-1是1950年7月参加广州市妇女机缝生产合作社的人员，参与的女性主要为筹备人员和合作社工人，穿着的衣服有列宁装、衬衫西裤、大襟衫裤、旗袍等，各类服装的比例近似。

图7-2是1950年10月参加广州市第一届人民代表大会的女代表，图中的不少女性穿旗袍，可以看到新中国成立初期的时候民国服饰观仍对女性有影响，一些女性仍以旗袍作为礼仪服装。旗袍直身裁剪，长度盖过膝盖，脚穿皮鞋或布鞋，面料为棉布，与民国时参加各种代表大会的女性穿着的旗袍相比，非常朴素；照片中有人穿大襟衫裤，衫长盖膝，裤子宽大；后排的4个女性穿军装。

图7-3摄于1954年，在劳动模范中，穿军装和列宁装的比例有较大增加，部分女性把大襟衫穿在里面，外面穿对襟毛衫或短外套，不少女性把手揣在裤子口袋里，姿态与民国时期完全不同。

图 7-1　1950 年 7 月市民主妇联筹委会成立广州市妇女机缝生产合作社

图片出处：广州市妇女联合会《广州妇女百年图录（1910—2010）》，出版社不详，2010：74。

图 7-2　1950 年 10 月参加第一届广州市人民代表大会的女代表

图片出处：广州市妇女联合会《广州妇女百年图录（1910—2010）》，出版社不详，2010：67。

图 7-3　1954 年第二届广州市劳动模范代表大会的女代表

图片出处：广州市妇女联合会《广州妇女百年图录（1910—2010）》，出版社不详，2010：69。

　　图 7-4 摄于 1956 年，照片中多是中年女性，她们的服装中出现了新中国成立后常见的春秋季小翻领外套（前排左起 5、8、9 位女性穿的外套），中厚毛呢或化纤面料，对襟、翻领，领口第一粒扣的位置不钉扣，形成小翻领的外观，与衬衫搭配，常把里面的衬衫领子翻出来。这种外套又被称作"春秋两用衫"，似来源于 1955 式解放军女军服（图 7-5）。

图 7-4　1956 年广州公私合营手工业系统成立妇女工作委员会

图片出处：广州市妇女联合会《广州妇女百年图录（1910—2010）》，出版社不详，2010：92。

图 7-5　1955 式陆军女士兵夏常服

图片出处：徐平《中国百年军服》，北京：金城出版社2013：231。

图 7-6 是 1956 年的一次庆祝游行，照片里的女性化了妆，穿着非常漂亮：碎花连衣裙，格子衬衫与半身长喇叭裙，搭配白袜子和皮鞋，外穿毛衣。

照片中的连衣裙为碎花面料，无领或翻领，短袖或无袖，上下身分开裁剪，有腰线分割线，上身合体，裙子为褶裙，裙长盖过膝盖。这种连衣裙来源于苏联，在北方被称为"布拉吉"，也是中苏友好期间女性流行的服装。

图 7-7 汇集了 1950 年代最典型的广府女性服装：连衣裙、军装和香云纱大襟衫；图 7-8 是 1958 年广州市郊的务农人员，她们比较年轻，绝大多数穿着大襟衫裤，讲解的女性穿花布衬衫、长裤和白球鞋。1956 年中央号召知青上山下乡，这位女青年应是下乡的城市女青年。

图 7-6　1956 年广州市各界 6 万多人在越秀山体育场聚会游行，庆祝工商业社会主义改造完成

图片出处：广州市妇女联合会《广州妇女百年图录（1910—2010）》，出版社不详，2010：89。

图 7-7　1950 年代广州市某学校师生合影

图片出处：杨柳《羊城后视镜7》，广州：花城出版社，2017：202。

图 7-8　1958 年广州市郊三元里人民公社社员在田头午休时学文化

图片出处：广州市妇女联合会《广州妇女百年图录（1910—2010）》，出版社不详，2010：83。

以上照片反映了 1950 年代女性服饰的变化情况，旗袍在新中国成立初年很快消失，在艰苦奋斗的时期列宁装、军装等无性别服装流行起来。"一五计划"成功实施，经济获得复苏后，随着社会整体情况好转，女性又穿起了连衣裙、半身裙等具有女性特质的服装。

1956—1957 年是全国经济建设取得阶段性成果的时期，人们的思想意识未被完全"左化"。在经济好转的鼓励下，社会对服装的关注增加，一些鼓励人们穿着漂亮服装的文章见诸报端，还出现了服装设计作品（图 7-9）。人们对美的追求开始萌芽，但又有政治顾虑。一位南京女教师说出了这种矛盾的心理："从经济观点来说，蓝灰布每尺要四、五角，蓝卡每尺要七、八角，而花布每尺只要三、四角，女同志们本没有一个不爱美的，那么为什么不买花布或较为美丽的布，而一定要穿蓝灰布衣服呢？还有些女同志，里面穿了花棉袄，外面加件蓝灰色的干部服，为的是怕人家批评她有资产阶级的思想，或者是作风不正派。"❶

图 7-10 摄于 1963 年，左一的女性穿着花上衣和短裙，男性的上衣多是衬衫，也有跨栏背心，男孩子穿短裤，青年男性穿长裤。右一的中年女性也是短袖衬衫和长裤的打扮。他们大部分赤脚，还有人脚穿人字拖等拖鞋。

　❶ 作者不详. 女教师谈妇女服装问题［J］. 江苏教育，1956（6）：27.

图7-9　1956年发表在《美术》杂志上的服装设计作品

图片出处：《妇女服装设计》，载《美术》，1956（04）：30-33。

图7-10　1963年8月广州一家人摄于广州大新路

图片出处：孙沛东《时尚与政治——广东民众日常着装时尚（1966—1976）》，北京：人民出版社，2013：284。

二、男性

1950年摄自中山纪念堂前的全家照（图7-11）充分反映了新中国成立初年的多元化服装，父亲穿着全套西装（西式），母亲穿旗袍（中式），最大的孩子穿空军夹克外套（西式），前排左一的男孩穿军装（中式），中间的女孩穿棉旗袍（中式），最右的女孩穿西式双排扣翻领大衣（西式）。中西服装各占一半。

与旗袍一样，西装在解放后作为资产阶级的着装符号很快消失。男性当时主要的服装有中山装、军装、干部装、工人装。中山装、军装和干部装的款式非常相似，都是对襟、封闭式翻领、五粒扣、对称的四个贴袋，不同之处在于中山装为毛呢面料，黑色、深蓝色或灰色，口袋为贴袋，裁剪较为考究；军装为毛呢（军官）或棉面料（士兵），草绿色，口袋为嵌线口袋加袋盖，

图7-11　1950年中山纪念堂前的一家人

图片出处：杨柳《羊城后视镜4》，广州：花城出版社，2017：188。

士兵服装只有两个胸袋，没有下面的大口袋；干部装是群众自发按照中山装或军装改装的服装，面料一般没有中山装高档，棉面料为主，草绿色、蓝色和灰色，贴袋和嵌线口袋都有。工人服为对襟、小翻领，四粒扣，口袋可有可无，袖口是夹克式的束袖口，面料为深蓝色或灰色的劳动布。

夏季里，城市男性最常穿衬衫和汗衫，在干部和知识分子中，白色衬衫最为常见，也是制服和礼服，款式为对襟，小翻领，胸前左右各有一个贴袋，长袖或短袖，如图7-12所示；秋冬季干部和知识分子的常见服装为中山装或干部装。

城市男性体力劳动者和农村男性仍有不少人穿中式对襟衫，衬衫、汗衫、秋衣、跨栏背心也较为常见（图7-13）。

图7-12　1956年广东省教授专家代表参观团在上海合影

图片出处：杨柳《羊城后视镜2》，广州：花城出版社，2017：166。

图7-13　1965年新中五金社学徒合影

图片出处：杨柳《羊城后视镜4》，广州：花城出版社，2017：280。

第二节　改革开放前广府服装服饰图像文字资料及分析（1966—1978年）

1964年，《解放日报》开辟专栏开展对"奇装异服"的讨论，第一次明确地把着装问题上升到思想问题上，认为"服装上的斗争与社会上的阶级斗争，是密切相关的，它也是阶级斗争的一种反映，我们决不能以为它是'生活细节'而等闲视之"，"奇装异服实质上是资产阶级腐朽生活方式的一种表现。追求奇装异服是羡慕资产阶级生活方式的不健康思想的反映"[1]。1964年6月10日，《羊城晚报》也发表了一篇署名为"广州服装技术学习组"的文章《什么样的衣服才算奇装异服》，认为袒胸装、背心袖、水桶裙、牛仔裤、男式花衬衫等服装属于奇装异服，与勤劳、朴素、热爱劳动的社会主义风尚背道而驰。[2]

[1] 作者不详. 一场抵制资产阶级思想和生活方式侵蚀的斗争——解放日报关于抵制奇装异服的讨论引起读者热烈反应［J］. 新闻业务，1964（Z1）：22-23.

[2] 孙沛东. 时尚与政治——广东民众日常着装时尚（1966—1976）［M］. 北京：人民出版社，2013：154.

广州民众在全国高度同一的服装背景下，同样穿蓝绿灰的老三样服装，但广州远离政治中心、毗邻港澳、华侨亲眷较多的现实情况稀释了政治影响，因此与全国相比，广州接收到的信息比较多元。特别是在1970年代，香港推行经济多元化，迎来了经济的崛起。香港的时装业兴旺发达，各种新潮款式风靡一时，紧身花衬衫、喇叭裤、牛仔裤、蝴蝶结上衣等最为流行。这些新潮服装通过华侨亲属流入广州，产生了一定的影响。在《时尚与政治——广东民众日常着装时尚（1966—1976）》（孙沛东著）的采访案例中，不少受访者都表示曾经收到过港澳亲戚的衣服，由于式样新奇，需要改装才能穿着，但花色、面料是无法改变的。受访者的记忆中有对军装和干部装的热爱，也表达了对美的微妙渴望和隐藏的追求。很多受访者说到自己和身边的人改领子、袖子、裤脚等，使衣服多一些变化，或更美观一些。"那时候女知青最喜欢在领子上变花样，把原来的'斜领'改称'直领'，有'一字领'、'燕子领'、'圆领'等，那时候'圆领'较'方领'时尚……除了衣领，有时候衣袖就改成灯笼袖，只是很小的修改，稍微有一点改变就有很多人羡慕的啦。"❶

从参考资料中可看出，在秋冬季人们较多穿着军便服、人民装（干部服）、春秋两用衫。但广州的炎热季节时间长，更多数的情况下城里人穿长袖或短袖衬衫和长裤，乡郊的人们穿大襟衫和裤子（主要是大裆裤）。在日常生活中，花布做的衬衫与大襟衫非常常见，而白衬衫承担了春夏季礼服的功能。

第三节　新中国成立至改革开放前广府服装服饰符号集

一、女性

新中国成立初期的女性服装按照季节分，可分为春夏季的薄款服装和秋冬季的中厚服装。薄款服装有衬衫、大襟衫、西裤、大裆裤、半身裙和连衣裙，中厚服装有列宁装、军便服、春秋两用衫。冬季的服装是在列宁装、军便服或大襟衫里加棉的棉服。

女衬衫一般没有口袋，领子为翻领，人们习惯不系第一粒扣，领口略微敞开，因此很多衬衫的领子将第一粒扣钉在靠下的位置，形成小翻领的外观（图7-14）。

女西裤与男西裤在门襟开口上不同，男西裤为前开口，女西裤为侧开口，侧口

---

❶ 孙沛东. 时尚与政治——广东民众日常着装时尚（1966—1976）［M］. 北京：人民出版社，2013：201-203.

袋可有可无，一般没有后口袋（图7-15）。

半身裙裙长过膝，为喇叭裙，腰头可打褶（图7-16）。橡筋约在民国后期1940年代的时候出现，人们在半身裙的腰带里穿入橡筋，达到收紧腰部的效果。

连衣裙是解放初期女性学习苏联的服装之一，在北方称为布拉吉。布拉吉的特点是上下身分开裁剪，有腰线分割线。领型有无领、扁领、翻领；袖子为短袖，有一些款式为泡泡袖；裙腰可打褶；开口方式根据款式来定，翻领在前面开口，无领或扁领等款式在后面开口（图7-17）。

图 7-14　女式衬衫

侧面开口

图 7-15　女式西裤

图 7-16　半身裙

图7-17 连衣裙（布拉吉）常见款式示例

　　列宁装的基本款式是闭合翻领，双排五粒扣，前身下面设两个带袋盖的暗袋。在穿着的时候，领子可以闭合，也可以敞开，敞开后形成翻驳领外观（图7-18）。

　　在1950年出台的50式军服中，女军服的外套就是列宁装的基本款式。随着列宁装与军装的流行，人们在定制和改装的过程，对一些款式细节项进行了改造，因此民间的列宁装出现了细微的差异。如图7-18（1）的两款列宁装，款式有一定差别；再如图7-18（2）的两个款式，大口袋上的倾斜度不同。

　　根据1955式军服改造的军便服有两种（图7-19），一种是女士兵的军服款式：小翻领，五粒扣，前身下面设两个带袋盖的嵌线大口袋或贴袋；另一种是女军官的款式：小翻领，五粒扣，前身设四个口袋——两个胸袋和两个大口袋。也有根据中山装款式改装的四个贴袋的军便服。女式人民装与女军官的军便服款式一样。

（1）闭合领列宁装

（2）敞领列宁装

图7-18 列宁装

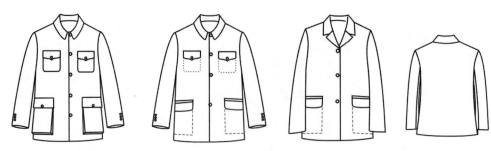

图7-19　女军便服和人民装

在颜色和面料上，列宁装一般为灰色，面料为华达呢、哗叽、迪卡（涤纶卡其布）、派力司（涤毛混纺布）等。军便服是军绿色，采用棉府绸或卡其布制作。

春秋两用衫（或简称两用衫）用普通面料制作，与女士兵服装的款式相同，但颜色可以是灰色、蓝色或其他颜色，也是小翻领、五粒扣的直身式裁剪，大口袋可有可无，嵌线口袋或贴袋，平插袋或斜插袋均可（图7-20）。

图7-20　春秋两用衫

从1964年开始，女装的上衣种类减少到军便装、两用衫、衬衫和大襟衫，裤子为西裤和大裆裤。连衣裙和半身裙消失，列宁装在1960年代后也逐渐消失。

二、男性

男性常见服装是中山装（图7-21）、军便服和人民装（图7-22）。三者的差别不大，主要区别在面料、领角和口袋上，具体符号比较如表7-1所示。军便服可分为两种，根据军官服改造的服装有四个口袋，又叫作军干服，根据士兵服改造的服装只有两个胸袋（图7-23）。军干服与人民装在款式上没有差别。

表7-1　新中国成立初期至改革开放前常见男装的符号比较

常见男装	颜色	面料	领角	口袋
中山装	灰色、蓝色	华达呢、毛哗叽等	圆领角	四个带袋盖的贴袋
人民装（干部服）	灰色、蓝色	派力司、迪卡等	尖领角	四个带袋盖的嵌线暗袋
军便服	军绿色	夏季为棉绸布，冬季为纯棉卡其布	尖领角	两个或四个带袋盖的嵌线暗袋

图 7-21　中山装　　　　　　　　　图 7-22　人民装和军便服（面料不同）

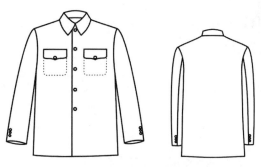

图 7-23　根据士兵服改造的军便服

　　工人的制服也是身份的标志之一。很多工人在下班时间，甚至婚礼上穿着制服。制服的款式与其他外套差别不大，主要的特征是：在面料上用靛蓝色或灰色的劳动布（一种粗斜纹棉织物，又叫坚固呢、牛仔布），袖口一般有束紧的袖头。有的工人服有胸袋或大口袋，口袋样式不固定（图7-24）。

图 7-24　工人服

　　夏季的男式服装常见白衬衫、汗衫或跨栏背心。干部或知识分子的衬衫有两个胸部贴袋。

　　这段时期服装的变化主要在领子的领角和口袋上。口袋可分为贴袋和嵌线口袋两类，都有袋盖；领角有平角领、尖角领和圆角领，但区别不明显（图7-25）。人们喜欢将领子敞开，形成小翻领的外观。

图 7-25　男女常见领型

第四节　新中国成立至改革开放前广府服装服饰符号分析总结

一、符号汇总

（一）新中国成立至改革开放前广府女装符号的属项、类项、子项符号集（表7-2）

表7-2　新中国成立后至改革开放前广府女装属项、类项与子项符号集

层级	符号体	符号集合／符号描述	所指意义
上衣、下装	列宁装	衣长到臀围线下，翻领，封闭式双排扣（可敞开穿着），两个带袋盖的嵌线大口袋	新中国成立初期女性服装
	军便服	衣长到臀围线下，翻领或小翻领，二到四个带袋盖的嵌线口袋，军装面料	新中国成立初期到改革开放前女性服装
	人民装	衣长到臀围线下，翻领或小翻领，四个带袋盖的嵌线口袋，灰、蓝色制服面料	新中国成立初期到改革开放前女性服装
	两用衫	衣长到臀围线下，翻领或小翻领，灰、蓝或其他颜色，布料不定	新中国成立初期到改革开放前女性服装
	衬衫	衣长到臀围线下，翻领或小翻领，白色或有碎花图案、条格图案	新中国成立初期到改革开放前女性服装
	西裤	裤长过脚踝，有裆部分割线和结构，侧面开口	新中国成立初期到改革开放前女性服装
	半身喇叭裙	裙长过膝盖，喇叭形	新中国成立初期女性服装
	连衣裙	有腰线分割线，裙长过膝盖，裙子呈喇叭形	新中国成立初期女性服装
	大襟衫	衣长至臀围线附近，侧襟，立领，衣袖连裁	新中国成立初期到改革开放前农村女性、中老年女性服装
	大裆裤	左右连裁，无前开口	新中国成立初期到改革开放前农村女性、中老年女性服装

（二）新中国成立至改革开放前广府男装符号的属项、类项、子项符号集（表7-3）

表7-3　新中国成立后至改革开放前广府男装属项、类项与子项符号集

层级	符号体	符号集合／符号描述	所指意义
上衣、下装	中山装	衣长到臀围线下，翻领，四个带袋盖的贴袋，毛呢面料	新中国成立初期到改革开放前男性干部服装
	军便服	衣长到臀围线下，翻领或小翻领，二到四个带袋盖的嵌线口袋，军装面料	新中国成立初期到改革开放前男性服装
	人民装	衣长到臀围线下，翻领或小翻领，四个带袋盖的嵌线口袋，灰、蓝色制服面料	新中国成立初期到改革开放前男性服装
	工人装	衣长到臀围线下，翻领或小翻领，劳动布	新中国成立初期到改革开放前男性工人制服
	衬衫	衣长到臀围线下，翻领或小翻领，白色或其他纯色	新中国成立初期到改革开放前男服装
	汗衫	薄针织汗布服装，无领，短袖或无袖	新中国成立初期到改革开放前夏季服装
	西裤	裤长过脚踝，有裆部分割线和结构，前面开口	新中国成立初期到改革开放前男性服装
	对襟衫	衣长至臀围线附近，对襟，立领，衣袖连裁	新中国成立初期到改革开放前农村男性、中老年男性服装
	大裆裤	左右连裁，无前开口	新中国成立初期到改革开放前农村男性、中老年男性服装

二、新中国成立至改革开放前广府服装服饰符号的总结与分析

（1）新中国成立后，西装、旗袍等西式服装、民国服装在短暂的时期内存在过，但很快消失，取而代之的是列宁装和布拉吉等苏式服装。在中苏关系恶化后，苏式服装符号淡出舞台，此后我国服装进入单一文化时期。

（2）从1950—1978年的时期内，随着经济在“一五”期间的复苏，服装出现过短暂的时尚萌芽期，但1964年展开的一场关于“奇装异服”的辩论，把人们的着装行为与思想意识挂钩，人们开始在穿着方面变得单一而朴素。

（3）从新中国成立初期到改革开放前的服装款式符号集合中可以看出其特点是：

①款式少，只有4~5种品项。

②每一种款式形制固定，组成的符号基本不变。

③款式之间的差异非常小，主要的区别是面料的颜色和质地，在款式上只有口袋形式和个数的区别。

同时，款式之间也会出现细微差别，造成差别的原因不是由于个体的主观意愿，而是由于客观原因的限制。体现在：

①资源的限制：由于供应缺乏，很多军服是退伍军人的服装，当零部件缺失的时候，会出现个体服装款式细节不同的情况。如口袋破损被拆掉或重新缝补，前扣或袖口的缺失重补等。

②定制的限制：一些军便服或人民装是自制或裁缝制作的，这些主体在制作的过程中，在不违背政治原则的情况下，会加入自己的创造或修改，导致"老三样"服装在基本款式固定的情况下，出现个别差异。

③微小细节项的流行：在领角、搭配等细节上，出现了从个体流行到群体流行的时尚因素，这些因素造成了服装的微小差异。

（4）女性服装的廓型为直线型，没有腰身，款式封闭，采取了遮掩性别的符号方式，但同时女性的服装在种类和款式结构上与男性差异度很小。因此这个时期与清朝时期的遮掩性别有意识上的区别：清代女性作为两性关系中的从属方，在封建伦理的桎梏下，必须遮蔽自己的身体；而这个时期的女性展现的是无性别的姿态。

（5）这个时期仍然存在经济状况和社会阶层的差别。在城市里，干部和知识分子的服装与普通群众的服装在质地和款式上存在差异。领导干部穿中山装，普通群众穿人民装或军便服，而军便服又分出四个口袋的军干服和两个口袋的军便服。在乡村，广大农民仍穿着自制的大襟衫和大裆裤。

（6）这个时期的服装文化归根结底其实是以"中山装"为核心展开的单一型制服文化。一方面，一大批西方服装被认为代表着资产阶级腐朽生活方式，被隔绝在外；另一方面，传统的中式袍褂被视作封建余毒，同样是批判的对象。此时人们只能将中山装树立为标志性服装，无论是军装、干部服装、群众服装、学生服装还是工人服装都围绕着中山装进行微小改造，因此出现了全民一体的无个性风貌。

（7）在新中国成立初期，广府地区的服饰特色是比较明显的。戴胜德在散文《云想衣裳花想城》❶中回忆他五十年代初从上海移居广州，说道："广州人衣着基调黑白，黑的胶绸，在上海叫香云纱；白的府绸，似乎是绫锻吧。"男人穿对襟的"唐装"，上海人用布纽襻，而广州人喜欢用铜质的小圆钚钮，敞着衣襟，里面穿白汗衫。"脚蹬老式布鞋，广州人叫做'伯父鞋'或'懒佬鞋'。"

香云纱仍然是人们最喜欢穿着的面料。"大概因为便宜，成为广州人夏装衣料的首选。"女子"着漆色的木屐，如同当今的高跟鞋……"白府绸比黑胶绸高档，家境好的女子一般穿白府绸的衣服，"扣子处别一朵白兰花，娉娉婷婷地走在街上。"

❶ 广州市文史研究馆. 当代中外作家笔下的广州 [M]. 广州：花城出版社，2008：273-276.

快到60年代的时候，城市里"唐装衫"不再时兴，青年女子流行花连衣裙，青年男子流行穿来自香港的格子衫，尤以大格子流行，而且格子非常鲜艳。同时时兴的还有文装，类似学生装，立领，下面两个宽袋无袋盖，胸前一个小口袋。多为深蓝色。冬天的时候上面一件丝棉袄御寒，下面单裤即可。还有一种"笠衫"，即套头球衣。

而从1960年代开始，"工人装""贫下中农装"大行其道，决不允许穿奇装异服。

新中国成立至改革开放前的广州与全国的区别仍然体现在由于天气炎热而出现的服装薄厚的差异，"老三样"外套穿着的频率小于衬衫。从图像资料看，人们的着装更多显示为衬衫。其中白衬衫在合影中常见，被当成礼服的替代品，其他日常生活的场合，花布、条格布衬衫很常见。一些知识分子的衬衫裤子面料考究，体现了在经济条件允许的条件下人们对美的本能追求。

同时，根据孙沛东在《时尚与政治——广东民众日常着装时尚（1966—1976）》中的访谈资料，由于华侨的纽带作用，广府地区的群众比内地更多地接触到香港的"奇装异服"，这为改革开放后人们迅速接受香港风潮，广州成为香港时尚输入内地的中转地打下了基础。

第八章
改革开放至今广府服装服饰符号与分析
（1978年至今）

　　1978年中国迎来了改革开放。1979年，中央批准广东、福建两省实行特殊政策、灵活措施。1984年，广州被列为14个沿海开放城市之一，给予更多的经济自主权。广州充分利用中央给予的优惠政策，发挥毗邻港澳、华侨众多的优势，积极引进资金、技术、设备、先进的管理经验和人才，经济得到迅猛发展，开启了建国以来速度最快、势头最好、成就最大的发展新阶段。

　　随着改革开放在文化领域的扩大，1980年代初的《庐山恋》《街上流行红裙子》等热播电影极大地激发了人们追求美好生活的信心和勇气。同时，来自我国香港地区、日本和美国的电影、电视剧打开了外面的世界，影视剧中新颖的服装款式掀起了流行热潮，推动着时尚的发展。在这个过程中，广州起到了重要的时尚枢纽作用。

　　改革开放初期，在各种文化输入端口中，对广州文化影响最大的是香港。由于文化同根和地理上的优势，香港地区的流行时尚最先被内地的年轻人接受，其流传途径是先传入广州，再被全国各地来广州批发商品的个体户带回内地。1980年代初期，紧身花衬衫、喇叭裤、鲜艳的T恤、白西裤、牛仔裤等港式潮流服装涌入全国的服装市场，随后流行的是宽肩夹克和窄脚牛仔裤。鲜活的香港文化吸引了大批年轻人，他们喜爱香港影视剧和明星，热衷于模仿香港的生活方式、衣着打扮。香港时尚成为1980—1990年代广府多元文化中重要的组成部分。

　　这股热潮到了1990年代仍然存在，但势头逐渐减弱，首要原因是随着内地经济腾飞和人民生活水平的提高，香港的优势不再明显；其次，大批内地新移民不断涌入广州，带来了各种文化风俗和观念，稀释了香港的影响；第三，随着世界不同文化之间的涌动融通和文化的成熟度提高，一个或几个具有突出特征的款式风靡一个时代的年代已经过去。1990年代以后服装廓型恢复到较为中庸的形态，时尚开始步入多元化、自由化、个性化、舒适化的现代化轨道。

时代进入21世纪后，科技和网络彻底改变了人们的生活：首先，科技和生产力的发展带来极其丰富的物质供应，良好的经济情况为人们提供了享用这些供应的高度自由；同时，网络缩短了不同文化之间的距离，各种社会界限也在逐渐淡化，甚至接近消失——不同性别的着装界限、不同场合的着装规范、不同职位的穿着特色、不同年龄的偏爱款式……这些边界逐一被打破、淡化；第三，我国在经济上与发达国家的差距缩小，北上广深等大城市的各项经济指标已进入世界前列，经济的发展减小了文化上的势差，中国与世界之间的文化流动不再是单边逆差，中国文化也在向世界输出，成为世界文化中的新势力。经济带来文化自信，中国传统的服装服饰文化近年来得到了关注和发展，传统服装不仅仅停留在文化研究层面，更成为不少民众喜爱的现代日常服装。中国迎来了真正的文化交融、平等流动的多元文化时代。

第一节　改革开放初期的广府服装（1980 — 2000年）

事实上，在1970年代后期，社会气氛已经有转变的迹象。1972年，美国总统尼克松正式访华，中美关系恢复正常化，中国与资产阶级阵营的对峙有所缓和。而广州在1975年左右，时尚就出现了解冻的现象。图8-1摄于1975年，是广州居民游园合照的景象。照片中最右的女性穿着香港最流行的紧身毛衫、喇叭裤，与前十年的服装完全不同。从1975年前后的照片资料看，虽然敢于穿喇叭裤、紧身衫、花T恤等时尚服装的是少数追逐潮流的爱美群体，特别是青年人，但普通百姓的服装束缚也有了松动的迹象，最明显的表现是穿裙子的女性增多了。广州再一次得风气开放之先，走在

图8-1　1975年广州居民游园合照

图片出处：孙沛东《时尚与政治——广东民众日常着装时尚（1966—1976）》，北京：人民出版社，2013：213。

了全国思想解放的前列。

1979年春节，香港无线电视台《欢乐今宵》与广东文艺界联合在广州烈士陵园举办晚会，引起了全市轰动❶；1979年4月，中断30年的穗港直通车恢复通车，打开了两地来往的渠道（图8-2）。香港侨胞与广州群众直接接触，促进了广州更快速全面的开放。进入1980年代后，群众的着装色彩鲜艳，款式丰富（图8-3），特别是以翻驳领西装为代表的西式服装，再次出现在人们的生活中，并且作为高档服装、礼仪服装、时尚服装的象征，图8-4的集体婚礼中，男女新人都穿着西装。

图8-2　1979年穗港铁路通车

图片出处：广州市妇女联合会《广州妇女百年图录（1910—2010）》，出版社不详，2010：134。

图8-3　1980年代初广州妇女在萝岗香雪公园赏梅花

图片出处：广州市妇女联合会《广州妇女百年图录（1910—2010）》，出版社不详，2010：141。

图8-4　1981年广东省轻工机械厂工人集体婚礼

图片出处：广州市妇女联合会《广州妇女百年图录（1910—2010）》，出版社不详，2010：143。

❶ 杨柳. 羊城后视镜（4）［M］. 广州：花城出版社，2017：136-141.

广府裳音——近现代广府服装服饰的符号学研究

广府农村妇女的服装虽然与城市女性还有一定的差距，但也变成了五颜六色的衬衫（图8-5）。而不少中老年女性还穿着大襟衫裤。

1980年代后期到1990年代，广州城市居民的服装品项、款式、色彩的丰富程度已与现代服装没有差距，仅在衣长、肩宽、廓型、面料等细节项的流行观念上有所不同。

图8-5　1980年代广州市郊的女果农

图片出处：广州市妇女联合会《广州妇女百年图录（1910—2010）》，出版社不详，2010：141。

第二节　21世纪广府多元服装服饰文化的组成与分析

广州是中国屈指可数的一线大城市，在经济水平、信息的开放与发达程度上始终位于前列，因此，现代广府服装服饰文化的整体集合几乎包含了世界上最新、最全的文化要素，呈现出前所未有的多元化、个性化局面。

在多元服装文化中，欧美文化对近现代服装风貌有着较为重要的影响。以法国、意大利、英国、美国为代表的欧美国家通过流行趋势发布、时装周、发布会等释放出流行信息，引领着全球服装服饰走向。

然而，虽然每一年的每一个时装季欧美的时尚运转系统都会发布流行信息，但总的看来，当今社会出现了无时尚状态。造成这一现象的物质原因是商品和信息过剩，主观因素是人本主义和自由主义的兴盛。现代的服装时尚不再以具象的款式符号集合出现，而更多的是抽象的风格与文化的流行。以往的传统流行符号常以固定组合的形式出现，而在现代流行中，流行信息是数个独立的符号，例如，"A廓型""反光布""格纹"，甚至是意境化的"森林""生活"……与以往相比，服装符号集合的组成和符号含义更模糊。

在此时代背景下，进入21世纪的广府地区服装服饰组成可以从以下层面进行解析。

一、服装礼仪层面

（一）正装文化

在现代社会，虽然传统的正装阵营正在缩小，但在正式的工作场所和社交场合，

185

作为白领制服的西装、正装衬衫、西裤等传统西式商务服装仍然是主流。截至2019年，有累计3.4万家外商投资企业在广州落户，298家世界500强企业在广州设立921个项目。国际创新巨头纷纷"落子"广州[1]，这些企业的从业人员是正装的主要穿着群体。表8-1归纳了现代正装的符号集合。

表8-1 现代正装符号

子项	廓型	面料	颜色	图案
西装	合体的H型或X型	精纺毛料	深蓝色、黑色、灰色	纯色、细条纹或细格
衬衫	合体的H型	精梳棉料	蓝色、白色、黑色、灰色	纯色、细条纹或细格
西裤	合体的H型	精纺毛料	深蓝色、黑色、灰色	纯色、细条纹或细格
西裙	合体的H型或A型	精纺毛料	深蓝色、黑色、灰色	纯色、细条纹或细格
包	方形	皮质	黑色为主	纯色
鞋	皮鞋	皮质	黑色	纯色

图8-6 2017年广州街上穿着休闲装的人们
（图片提供：梁梓炜）

（二）休闲装文化

21世纪最大的特点就是集体意识、身份概念的淡化和个人领域的扩大，不需要遵照强制性社会规范的场合越来越多。在不违背公众原则的前提下，人们着装的自由度大大提高，在大多数日常场合可以按照自己的意愿穿衣，舒适方便的休闲装成为首选（图8-6）。现代休闲装的典型符号是以T恤为代表的针织服装和加入弹性纤维的弹力裤。织物弹性的改善既使服装能紧贴身体，同时又能保证穿着的舒适性。现代服装由于弹性面料的出现改变了廓型，而这一点在传统无弹性面料的服装上是无法实现的。表8-2归纳了现代休闲装的符号集合。

❶ 李文姬. 改革开放40年之广州［J］. 现代经济信息，2019（4）：496.

广府裳音——近现代广府服装服饰的符号学研究

表8-2　现代休闲装符号

子项	廓型	面料	颜色	图案
T恤	合体或宽松的H型	针织棉织物	各种颜色	卡通、条纹、文字等
休闲衬衫	合体或宽松的H型	棉或棉混纺面料	各种颜色	纯色、条纹或条格
卫衣	合体或宽松的H型	棉或混纺的绒布	各种颜色	卡通、条纹、文字等
牛仔裤	H型或V型	棉面料，常加入弹性纤维成分	各种蓝色、灰色、黑色等	磨砂、猫须、破洞等
休闲裤	H型或V型	棉面料，常加入弹性纤维成分	各种颜色	纯色
裙子	H型或A型	棉、麻或化纤面料	各种颜色	纯色、细条纹或细格
包	各种形状的双肩包	帆布、皮革等各种材料	各种颜色	各种图案
鞋子	运动鞋	皮革面料	各种颜色	纯色或有部分图案装饰

二、区域文化层面

除了欧美服装时尚外，韩国、日本的服装时尚也对我国时尚文化有一定的影响。韩流服装的典型符号是较夸张的长度差和宽度差形成上下装廓型的对比，从子项和细节项上看，表现为大廓型的T恤、卫衣、外套、大衣等，肩线延长，肩点下垂，面料多为针织棉面料，色彩明丽柔和，图案活泼可爱。韩流风格服装符号见表8-3。

表8-3　韩流风格服装符号

子项搭配	廓型	面料	颜色	图案
大廓型上衣与合体裤的搭配	上衣：衣身非常宽大，肩线明显延长，落肩量大 下装：合体或紧身的短裤或七分裤	以棉面料为主，大衣、毛衫等为毛料	讲求多种颜色的搭配	卡通、条纹、文字等
合体上衣与大廓型下装的搭配	上衣：合体或紧身的上衣 下装：高腰、肥大的裤子	以棉面料为主	讲求多种颜色的搭配	纯色、条纹或条格

日本服装时尚文化的表现为动漫T恤图案和学生制服文化，模拟日本动漫人物的Cosplay活动也成为现代社会的小众文化（图8-7）。日本文化在我国服装服饰上的符号表现为各种平面或现实模拟的日式动漫人物形象。

图8-7　广州的Cosplay活动（图片提供：龙志丽）

三、价格层面

按照商品价格，服装可分为奢侈品和普通用品。奢侈品文化在现代城市广泛存在，但一般认为广州的奢侈品消费攀比心理驱动力小于其他城市。名牌服装、皮包鞋靴和手表饰品在广州的高收入人群中是常见日用品，但是社会并没有出现追逐名牌的虚荣性消费。不喜奢侈是广府文化的一大特色。

如第三章所述，广府服饰文化更呈现出简装文化的特征。在炎热潮湿的季节，宽松柔软吸汗的T恤，简洁利落的牛仔裤、休闲裤或裙子是广州人最喜爱的装束。简装文化与休闲装文化有重合的部分，但也存在区别。简装强调最简单的穿着打扮，服装符号为基本款式，廓型简洁不夸张，尽量减少不必要的搭配和装饰，颜色以黑、白、灰等纯色为主，面料轻薄，穿着轻便。

四、混搭文化

21世纪还出现了文化解构的现象，即不同的文化集合体被拆解成单个符号，符号脱离整体，与其他文化体的符号组合，行成了新的语义，在服装上表现为混搭风格的盛行（图8-8）。

在传统服装语境下，不同的符号是有礼仪等级、秩序等级、阶层等级和搭配规定的，而在混搭文化中没有人为规定的界限，规矩被破坏，秩序被打乱。西装上衣与破洞牛仔裤组合，牛仔上衣与纱裙组合，印花与西装组合，毛衣搭配短裤等，各种符号自由组合。现代服装与一百年前相比，并没有出现新的品种和新的结构，然而因为打破了符号原有的固定组合，从而使设计与穿着方式呈几何倍数增长。

五、时尚层面

在所有社会中都有追逐新潮的人群，他们代表了一个社会和时代最高的时尚水平，标志着社会规范的最大限度，也在一定程度上代表着服装潮流的走向。

广州新潮人群的时尚程度不弱于任何大城市，并呈现出更多元的形态。图8-9是2017年初夏的广州街拍照片。从照片中可以提炼出21世纪广州的时尚符号：①子项层级：紧身T恤，短裤和短裙，运动鞋，凉鞋，双肩包，侧背包。②领子部件：无领。③袖子部件：短袖或无袖。

图8-8 广州街头的混搭风（图片提供：梁绮莹）

④面料：棉。⑤颜色：多种颜色，浅色为主。⑥图案：纯色为主，部分有大花图案和字母图案。⑦其他细节：裤子破洞，花边，不对称设计，高跟鞋，厚底鞋等。

图8-9 2017年广州街上的人们（图片提供：邓志海）

六、传统文化

进入21世纪后，随着文化自信的建立，传统服饰文化再次回到人们的视野。传统服饰爱好者形成了一个小群体，在休假、逛街和游园的时候穿着传统服饰，如今在广州的公园、街头，看到汉服、唐朝的襦裙等传统服装已经不再令人惊讶瞩目（图8-10）。

图 8-10　2016 年 1 月在萝岗香雪公园赏梅的汉服爱好者

　　广州的特色纺织品香云纱在21世纪受到了人们的再次关注。在香云纱服装设计上，很多设计师以香云纱为原料结合现代服装潮流与款式开发服装产品；在新型整理工艺上，科研团队也围绕香云纱面料展开研究，例如，香港理工大学将镀膜技术运用在香云纱上，使其呈现出各种金属光泽，呈现出全新面貌。华南农业大学的设计团队使用这种金属镀覆香云纱进行设计，2018年10月在中国国际时装周上举办了香云纱服装发布专场（图8-11），展现了新材料、新结构的现代审美对传统遗产的传承和改造成果。

图 8-11　华南农业大学与香港理工大学在中国时装周上联合发布的"香云故里"主题发布会
（图片提供：华南农业大学金憓团队）

第九章
近现代广府多元服装服饰符号学总体分析

1840年至今，社会文化和人们的生活方式发生了巨大的变迁。作为重要的文化载体之一，服装服饰同样经历了无法前瞻的变化。从个人服饰层面看，近现代服装展现了一个由烦琐到简约、由禁锢到舒展、由单一到丰富的过程；从社会风貌层面看，文化交融、科技的发展和生产力的提高丰富了商品的多元供给，社会阶层逐步淡化，现代时尚呈现了空前的丰富性和宽容性。

第一节　近现代传统服装服饰的符号更迭与意指分析

一、存在变化与量度变化

我国传统服装到民国时候为止形制始终比较稳定，除了在更朝换代的时候由于异文化的融入而发生较大的服饰风貌变动之外，一旦社会稳定下来，服装整体样貌也就固定下来。

在社会制度稳定或政府规训严格的年代，服装的廓型比较中庸温和。在我国漫长的封建社会历史上，上短衣下长裙的汉族女子襦裙装束，从唐代开始一直保留到元代，一直是女子基本着装形式。到了明代，才将衣裙的比例倒置过来，逐渐拉长上装，缩短露裙的长度。而这种长衫遮裙的形式又传至清末，至民国才更改。细节项的变化也比较微小，例如，明代女裙，明代初期裙幅为六幅，到了明代末年，裙幅始用八幅，数百年变化微小如是。清代数百年服装廓型几乎没有变化；1930—1950年代的民国服装未出现品类或结构的大变动；1990年代开始服装廓型也进入自然柔和的现代化风格轨道。上述年代的服装仅在量度和细节上变化，而且变化的速度和频率较慢。张爱玲感叹道："我们不大能够想像过去的世界，这么迂缓、安静、齐整——在满清三百年的统治下，女人竟没有什么时装可言！一代又一代的人穿着同样的衣服而不觉得厌烦。"现代服装虽然时尚流行热点更换频繁，但从结构本质上看，没有出现与自然廓型迥异的异化结构。

近现代服装类项层面变动最剧烈的年代，一是清末民初（1910年代），二是新中国成立初期（1950年代），三是改革开放初期（1980年代）。这三个年代都是新的社会形态或形势刚出现的年代，服装异变期一般持续十年左右。

在细节项的量变层面上突然出现较夸张廓型的年代，一是清末民初的时候（1910—1920年代），出现了元宝领和倒大袖；二是改革开放初期（1980年代），出现了喇叭裤、宽肩夹克等。这两个年代共同的特点是社会的高度管束力骤然减轻，人们的个体属性领域开始扩张，外化为服装廓型的向外拓展和试探。

从符号层级上分析，近现代服装在存在变量（质变）与量度变量（量变）上的变动情况主要体现在以下方面：

（1）在衣裳的属项层级上：清代服装男性服装为一件式（一截式）的长袍装，上下贯通；女装虽然是衫与裙的两件式（两截式），但衫长至小腿，上下装的分割比例与现代有很大区别。而近代西方服装体系里，男装为以臀围线为分界的上下两件式，女装为连体裙的一件式。我国服装与世界服装形制达成一致是到解放的时候完成的，解放后长袍马褂消失，男装全部采用上下两件着装的形式。

（2）在服饰品的变化上：服饰品面积小，对服装整体外观的影响小，因此文化之间彼此接受容易。近现代服饰品的穿戴比例也呈现出减少的现象，例如，帽子，在历史上一直是重要的常见服饰品，但从解放后开始，人们戴帽子的情况减少了。究其原因，应与现代人们越来越多的户内生活有关。

（3）在类项上：中式传统服装逐渐消失。一些类项的消失与社会形态变迁有关，如民初的时候旗式长袍、补服消失，解放后旗袍消失等，越是能代表旧时代的款式符号，消失的速度越快；另一些类项的消失与技术的发展进步有关，如随着裁剪技术的普及，大裆裤逐渐被西裤代替。

（4）在部件项上：领子、袖子等部件由于面积小，影响不大，因此在时尚异动的时候，领、袖的变化往往先于廓型，起到前导和试探的作用。

（5）在细节项上：主要体现出中式结构向西式结构的演变。服装的构成方法是决定服装外形的主要因素，构成方法的改变从根本上改变了中式服装的外观。

表9-1对近现代不同时期服装符号不同层级的存在变量和量变变量变化情况进行了总结分析。

表9-1　近现代服装的存在变量与量变变量变化情况

符号层级	符号能指	清末	民国初期	民国中后期	新中国成立后	改革开放后
属项	上衣与下装的搭配关系	男性：一截式 女性：两截式	男性：一截式、两截式 女性：两截式	男性：一截式、两截式 女性：一截式、两截式	男性：两截式 女性：两截式	男性：两截式 女性：一截式、两截式
	服饰品	男：瓜皮帽、竹笠、木底布鞋、布靴 女：头饰、耳饰、颈饰、腕饰、厚木底鞋、弓鞋	男：草帽、呢帽、竹笠、布鞋、皮鞋 女：布鞋、皮鞋、耳饰、颈饰	男：草帽、竹笠、布鞋、皮鞋 女：布鞋、皮鞋、耳饰、颈饰	男：竹笠、布鞋、皮鞋 女：布鞋、皮鞋	男：皮鞋、手表 女：皮鞋、耳饰、颈饰等穿戴人群比例不大
类项	旗式长袍	有	无	无	无	无
	补服	有	无	无	无	无
	马褂	有	有	有	无	无
	长衫	有	有	有	无	无
	大襟衫	有	有	有	有	无
	对襟衫（中式）	有	有	有	有	无
	马面裙	有	有	无	无	无
	大裆裤	有	有	有	有	无
部件项	领子	圆领、低立领	立领（元宝领）、无领、翻领、翻驳领等	立领、无领、翻领、翻驳领等	翻领、立领、少量无领	各种领型
	袖子	大袖	窄袖	倒大袖、窄袖、短袖、无袖	合体袖、长袖、短袖	各种袖型
	口袋	无	大部分无	有	有	有
细节项	手工盘扣	有	有	少	无	无
	衣身结构	平面	平面	平面	立体、平面	立体
	单独的袖结构（中式女装）	无	无	无	有	有
	镶滚边	有	少	少	无	无
	省、结构分割线等（中式服装）	无	无	无	有	有

（6）在近现代服装变化的过程中，每一个服装构成符号的改变都是有意义的。根据符号意指作用属性的不同，对广府地区不同年代的服装服饰符号和意指作用分析见表9-2。

表9-2　近现代广府服装服饰符号与意指作用（以女装为例）

符号指征	符号属性		清末	民国初期	民国中后期	新中国成立后	改革开放后
自然性指征	热湿性能符号		宽大廓型，薯莨布等凉布，跣足，木屐	袖子缩短，短衫，薯莨布等，跣足，木屐	短袖，短衫，短裤，旗袍开衩，薯莨布，跣足，木屐	短袖，跣足，木屐	无领，短袖，针织面料，短裤，短裙，赤脚，凉鞋
	运动性能符号		开衩	开衩，廓型收紧、缩短	开衩，短衫，短袖，短裤	西式衣袖与裤子结构	针织面料，弹性面料，西式衣袖与裤子结构，运动鞋
社会性指征	秩序表征	社会伦理符号	缠足，遮蔽全身	束胸，放足，裸露小腿曲线和腕部皮肤	天乳运动，手臂和腿部皮肤裸露，显露女性曲线	"老三样"服装，无曲线、无彩色、无装饰的无性别服装	大部分皮肤可裸露，可显露女性曲线
		礼仪符号	马面裙，花盆底鞋	对襟衫，马面裙	文明新装，旗袍	"老三样"服装	西装，西式礼服裙，旗袍等
		阶层身份符号	貂皮、狐皮等贵重材料，丝绸等高档材料，明黄色等专属阶层颜色，贵重首饰	丝绸等高档材料，贵重首饰	丝绸等高档材料，西式服装，贵重首饰	"老三样"服装	奢侈品
		规范制度符号	针对全民的清朝历代服制禁令	针对公务员的政府法令《服制》	针对公务员的政府法令《服制条例》和《国民服制条例》	关于"奇装异服"的讨论，"破四旧"运动	无
	文化表征	时代符号	宽袍大袖，长衫，斜襟	立领，元宝领，窄瘦长衫	倒大袖，文明新装，旗袍	"老三样"服装	针织面料，弹性面料，牛仔裤，T恤衫等
		民系文化符号	薯莨布等凉布，跣足，木屐，簪花	薯莨布等凉布，跣足，木屐，簪花	薯莨布等凉布，跣足，木屐	跣足，木屐	无
	价值表征	经济特征	自织自制，就地取材	洋货冲击土布市场	主要是洋货和民族工业纺织品	以"政治挂帅"为特点的集体生产	国内纺织服装工业发达，对外加工输出，对内实施"名牌战略"
		装饰符号	配饰，镶滚边，绣花，簪花等	配饰，镶滚边（少）	配饰，镶滚边	领袖像章等	配饰，色彩搭配，图案装饰，各种后整理技术及工艺等形成不同的肌理和光泽等，有丰富的装饰元素
		时尚符号	无	元宝领	倒大袖，文明新装，旗袍	"老三样"服装	改革开放初期为喇叭裤、宽肩夹克等，现代的时尚符号较为庞杂多变

194

（7）在服装廓型上，进行近现代女装长度变量和宽度变量的变化分析，如图9-1所示。

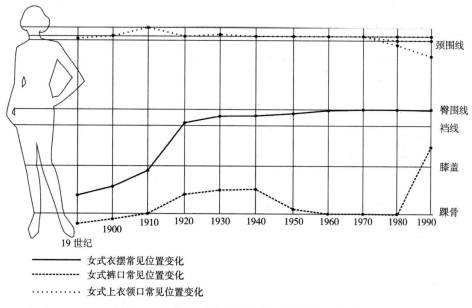

19世纪

—————— 女式衣摆常见位置变化
------------ 女式裤口常见位置变化
············ 女式上衣领口常见位置变化

图9-1　近现代广府女装长度与领口位置变化图

从图中可以看到，1910—1920年代，1980—1990年代是长度变量变化最大的时期。如前文所述，这两个时期是社会从管束高压下松绑的时期，服装从统一的社会属性向自由的个体属性转换，因此出现了量度上的跳跃。

男性服装受男性性格、社会礼教、角色期望等影响更大，表现为类项层级的直接切换，细节项的变化非常小。因此，男装的量变与存在变项发生的频率远远小于女装。女装符号的所指含义主要体现为伦理规范、审美价值和时尚价值，而男装符号的所指含义主要体现为社会礼仪、阶层身份和规范制度。

在长度变量上，服装的长短是服装的正式等级符号之一，古时的男性礼服、外出服和常服一般长至足踝，短衫为居家服。及至近代，西方服饰进入我国，男性服装的礼服上衣出现了两种选择：西装或中式长袍，直到现代，长袍才基本消失。在围度变量上，传统中式男装基本上是宽松的H廓型。

二、形态变化

民国以前中式服装的形态特征是覆盖式的、披挂式的，外在轮廓接近椭圆形，体、面大，内部结构极少，传达出东方哲学的温顺、圆融和平稳的秩序感。从廓型上看，中式身袖连裁的方法模糊了肩点，上肢与躯干连为一体，增加了上身的面积，使其更加阔大；从细节看，无论是圆领还是立领，领口形状都是圆弧形。

在汉族服装历史上出现脱离人体形态而呈现窄瘦、削尖、翘立廓型的服装极少，多与军服、少数民族或异族文化的影响相关。例如，在清代服装中的箭袖结构，箭袖属于硬挺的翻折结构，具有实用的功能。箭袖并非满族服饰独有，汉族和其他北方民族的骑射服也有箭袖服装。箭袖的袖口窄小防风，袖缘宽硬厚实，可翻下使全手保暖，因此箭袖是北方骑射服饰的符号。满族服饰的箭袖形似马蹄，又被称为"马蹄袖"，成为清代满族服饰的代表性符号。

而近现代西式服装结构体现了以人体解剖学为基础的科学思维。西式服装按照人体的运动带，将上衣分为躯干、领子、袖子三个部件：将手臂从上衣裁片中分离出去，创造了含有手臂运动功能的袖窿和袖山结构，使袖子外观更加合体；将领子分解出去，发展出了翻领、翻驳领、扁领等各种领型。通过科学的裁剪技术，服装在人体动态和静态之间转换需要的浮余量大大减少，因此，西式服装基本能贴合人体的体表轮廓，呈现出简洁利落的外部线条。

在下装方面，中西服装也有同样的差别。中国传统观念认为露出腿部不雅，中式服装一直将裤子遮在上衣内，因此裤子在中式服装体系里算为内衣，不受重视。中式裤子的裤腿左右连裁，没有立体的裆部结构，下肢的运动量靠大裆裤的肥大的松量解决。当上衣缩短后，下装外露，人们在有条件的情况下，必然选择外形更为美观的西裤。

近现代服装服饰对整体变化呈现的正是从宽松肥大的传统平面形态向贴体、内含结构的立体形态过渡的过程。在这个过程中，人们对有些服装采用了"拿来主义"，如棉毛衫、袜子、文胸、西装、西裤、大衣等；有些服装则借鉴了西式结构，属于"改良主义"，如加了口袋的立领对襟中式衫、中山装、旗袍等。

三、面辅料变化

服装面料和辅料新产品在某一时代或文化中的出现和普及是服装新形制的直接推动力之一。清代广府服装的常见面料是丝绸和蕉布、麻布、薯莨布等本地自产土布，以及南京布等其他地区产的布料。20世纪初进口洋布的价格大幅度降低，土布不堪冲击，市场大部分被洋布占领，主要是绒布、花呢、棉布、哔叽等。解放前的面料主要是棉织品、毛织品和丝绸织物。

化学纤维在临近20世纪40年代才诞生和工业化生产。最早发明的化纤材料为尼龙，1939年10月24日尼龙丝袜公开销售。而1958年4月尼龙才在我国获得成功试验样品（我国命名为锦纶），开始工业化生产。1960年代尼龙衫（球衣）是除了老三样以外年轻人最喜欢穿的时装。

另一种常见化纤面料涤纶在1953年由美国率先生产，改革开放初期我国引进大量涤纶生产设备，涤棉混纺的"的确良"面料成为1980年代最流行的面料。

氨纶（莱卡）是现代服装材料中应用最广的化学纤维之一，氨纶1959年在美国实现量产，常用于游泳衣、运动衣、袜子等服装上。近年来氨纶加入牛仔布、卡其布、棉布等梭织面料中，大大改善了梭织面料的弹性和舒适性，塑造了现代服装既紧贴人体又具备良好舒适性的新风貌。

近现代广府服装常用面料见表9-3。

表9-3　近现代广府服装常用面料

符号	清末	民国初期	民国中后期	新中国成立后	改革开放后
面料	丝绸、棉布、麻布、葛布、薯莨布等土布	丝绸、棉布、毛呢布、哔叽等洋布、薯莨布等少量土布	丝绸、棉布、毛呢布、哔叽等洋布、薯莨布等少量土布	棉布、毛呢面料（华达呢、毛哔叽等）、混纺面料、棉府绸、卡其布、劳动布、尼龙布等	的确良（涤棉布）、纯涤纶布、尼龙布、棉布、毛织物、麻织物、晴纶、氨纶等

在辅料方面，18世纪传统女装就受到洋花边的影响，出现了流行数十年的"十八滚"装饰风貌；清末民初的时候金属和贝类纽扣出现，改变了传统女装重要的符号之一——盘扣；1940年代女装上出现了橡筋；1980年代我国拉链产业迅速发展，对服装的结构、形态、舒适性和便利性均产生了重大的影响。

四、色彩与图案变化

我国传统服装的颜色亮丽明快，特别是丝织品，玫红、鹅黄、翠绿等明度和纯度较高的颜色较多；在图案上，多见花卉、鱼鸟、昆虫、吉祥文字、云纹等元素组成的连续图案。自制土布的颜色则较为朴素，多为蓝、灰、黑色等纯色，一方面由于染色手段的限制，另一方面与耐脏的需求有关。在传统纺织品的色彩中，薯莨布古朴暗雅的色彩风格非常少见。

清末到民国时期的洋布质量和美观性优于土布，夏季面料更轻薄，冬季面料更保暖，颜色变化的丰富程度也大大提高。洋布多是条纹、格子和几何图案等抽象图案，与中式传统图案有明显区别。

新中国成立后到改革开放前的服装颜色主要是深蓝、灰、黑、白等，也有碎花布女上衣。

改革开放后的服装色彩变得极其丰富，但也存在服装种类之间的差别。一般来说正装的颜色黑、白、灰、蓝等居多。

近现代广府服装常用色彩和图案见表9-4。

表9-4　近现代广府服装常用色彩与图案

符号	清末	民国	新中国成立后	改革开放后
色彩图案	色彩：绛红、银红、雪青、白色、杏黄、天青、葵绿、枣红等 图案：花卉、植物等形成的连续图案，鱼鸟、昆虫等具象图案，云纹、回形等抽象图案	素色或条纹、格子、几何图案	蓝、灰、黑、白、碎花	各种具象或抽象图案、条格、文字等

五、区域多元文化的组成变化

　　自先秦时期开始，岭南先民就在南海乃至南太平洋沿岸和岛屿开辟了以陶瓷为纽带的交易圈，开辟了著名的"海上丝绸之路"，明朝时海上丝路发展到了极盛时期。广州在唐、宋、清均为国际贸易的枢纽，外贸及中外文化交流极为活跃。唐宋时期到广州从事贸易活动的外国人达到几十万。在鸦片战争以前，中华文化一直是上游文化，在与外国的关系中占有主导地位。从鸦片战争开始，外国文化才对中华文化形成了冲击。两次世界大战迫使各国打开了国门，加上近现代交通技术和科技信息的发展，使世界各地的主要文化之间发生了碰撞和交融。在近现代历史上，先后影响我国的有以英法为代表的欧洲、美国、日本、苏联；改革开放后，特别是近年来，随着世界各国的经济贸易关系越来越紧密，文化彼此流动，互相影响，呈现了更加丰富多元的态势。

　　近现代广府地区区域多元文化的组成情况见表9-5。

表9-5　近现代广府地区区域多元文化的组成

符号	清末	民国	新中国成立后	改革开放后
区域文化	中华主体文化，广府区域文化，英国、法国、美国、日本等外来文化	中华主体文化，广府区域文化，美国、日本等外来文化	中华主体文化，广府区域文化	中华主体文化，广府区域文化，欧美文化，日韩文化等

六、时尚对阶层影响的变化

　　一些学者把着装看作个体在社会中的自我表达，是身份认同的外在表现。在社会动乱、变更频繁的时代，往往伴随着社会阶层的重新划分和个体身份的重新确定。"身份的矛盾冲突是时尚变迁的基本要素，是造成符号替换的逻辑基础。"[1]不同时代时尚影响的阶层变化可以反映社会变革的本质。

---

[1] 孙沛东. 时尚与政治——广东民众日常着装时尚（1966—1976）[M]. 北京：人民出版社，2013：31.

在近现代历史上，出现了三次大的服装时尚变革。首先是清末民初的时候，社会中上层的服装符号由清代形制转向中西并存的双系统形制，而底层人民的服装基本没有改变；其次是解放后，社会中上层的服装符号由欧美式服装转向苏联式服装，底层人民的服装也没有改变，但与社会中上层的服装差异变小；第三次是改革开放后，服装符号转向现代服装，这次的社会变革影响到了社会全部阶层——无论是城市还是乡村，高收入群体还是低收入群体，在服装上呈现出时尚水平一致的现象。

近现代广府地区时尚对阶层影响的变化情况见表9-6。

表9-6　近现代广府地区时尚对阶层影响的变化

符号	清末	民国	新中国成立后	改革开放后
最受时尚变化影响的社会阶层	社会中上层	社会中上层	社会中上层	社会全部阶层

第二节　近现代广府服装服饰文化特征总体分析

从广府的自然环境和长期历史发展背景和外在表现看，在自然性指征上，广府服装服饰符号体现了在亚热带湿热气候作用下对抗自然环境的生存文化；在社会性指征上，体现了大城市开放性、多元化的基本特征。

一、广府服装服饰文化体现了热带亚热带地区的生存适应性特征

适应自然环境是服装最根本的目的，地理环境和气候因素对服装具有直接的影响。广州地处亚热带地区，气候常年湿热，降雨多。湿热的气候促进了植物生长，使广府地区具有大量丰富的植物资源，形成了粤布文化，然而这种气候给人的生活带来了不利的影响。与四季分明的京津等北方城市和气候温和的沪宁苏杭相比，广州的气候并不理想。同时，广州远离政治中心，偏安一隅，常被贬为南蛮之地。余秋雨在散文《广州》中写道："广州历来远离京城，面对大海。这一方位使它天然地与中国千年封建传统构成了叛反。"自然环境与地理位置促使广州形成了以生存适应性为特点的务实特征，表现为：

（1）简素特征：近现代各种资料显示，广府服装服饰总体来说式样简单，颜色素丽，首饰等配饰使用较少。广府艺术风格别具一格，建筑、美术、广绣、广彩、雕刻、丝绸、粤曲等艺术具有较高的水平，然而广府人对服装服饰始终没有表现出

过多关注，不喜奢华，与湿热气候的影响有一定关系。

（2）平易特征：广府的时尚习惯为不攀比、不崇洋。虽然广州曾是唯一的对外贸易口岸，广府人洋货消费最早、最多，但从消费的产品看，主要是棉线袜、棉线衫、缝衣针、风扇等实用性很强的日常用品。在近现代历史上，广州人很少出现以洋货或奢侈品作为身份攀比手段的事例。鸦片战争后，在五口通商口岸里，广州也是唯一将外国商人隔离在城外的口岸城市。

（3）凉爽特征：广府服装服饰对湿热性能有较高的要求。首先，粤布文化的形成是出于人们适应气候的需要，葛布、麻布、薯莨布等都属于"凉布"；其次，虽然薯莨布颜色暗沉，赤脚穿木屐显得"不文而劣"，但社会各个阶层、男女老幼都这样穿着，体现了广府人将服装的湿热性能放在审美价值之前的务实哲学；最后，从近现代广府时尚史中出现的新款式更迭情况看，广府人选择时新款式的要点是其抗湿热性能。如民国初年，广府女性率先穿无领的服装、露胫的裤子、外出不套裙子等，都体现了对服装凉爽性的要求。

（4）包容特征：以适应环境为目的的生存哲学，悠久的大城市历史和密集的人员往来，使广府人具有低调和包容的性格特点，也进一步促进了多元文化的发展。

（5）爱美特征：广府人对美的热爱主要体现在对自然美的利用上，他们利用丰富的植物资源和染色原料发明了各种凉布，并且达到了极高的工艺水平，具有很高的技术美和质感美价值。同时在图案、装饰品等服饰品上，表达了对美的追求和装扮的原创力，形成了独特的素美风格。

二、广府服装服饰文化体现为中心大城市的开放型文化

广州自古以来就具备"城市"的属性。《史记·货殖列传》中称："番禺（今广州）亦一都会也。"时至今日，作为华南地区商贸中心的广州已建城两千两百余年，"这在中国城市发展史乃至世界城市发展史上是十分罕见的。"[1]广州地处富饶之地，又是我国仅有的千年对外通商口岸，无论是内贸还是外贸都极其发达，呈现出典型的城市文化的特征。城市文化并非广州所独有，但是城市化的特征与潮汕、客家民系相比异常显著，成为广府文化的一大基调。

从城市文化的角度，广府文化呈现出以下特点：

（1）开放特征：广府文化的开放性是由其自然条件和历史因素决定的。岭南地区江海交汇，水路发达，长期以来作为贸易、经济与文化的交汇地，对各种外来文化和新鲜事物广纳包容，没有封闭的地理意识。从城市学的角度看，越是大型城市，越难

❶ 邱昶，黄昕. 广州学引论［M］. 广州：广州出版社，2014：45.

形成特色明显的单一型文化。岭南地区的三大民系中，客家文化保留得最久，文化特征突出，这是由客家久居山区、较为封闭的地理位置决定的。而广州是华南地区的中心城市，历来外国和外地的流动人口众多，因此表现为随时随新的开放型特征。

（2）流通特征：流通特征表现在近现代广州与北京、上海、苏州、南京、天津等国内其他大城市时尚的同步性。由于近现代交通便利、信息发达，各大城市之间的时尚互相流动，互相影响，交替引领潮流。清末民初的时候广州以款式新著称，民国中后期上海是全国的时尚中心，改革开放初期广州的新潮时尚再次领先全国。但是大城市之间的时尚差距在时间上不过几个月，到了现代早已达到同步。因此广府服装服饰文化与其他城市的时尚文化主体相同，可以互相对比参照。

（3）集市特征：集市文化也是广府的独有特征。广府人轻文重商，不以逐利为耻，与千年以来的集市文化有直接的联系。广府的社会阶层中，中层的商业人口比重大于其他城市。而社会中层应是服装时尚的中坚力量。"城市消费时尚需要中产阶级的大胆创新。"❶由于广州社会中层的商业人口较多，而这部分人普遍斥虚务实，缺乏追逐时尚的热情，影响了广府服装的时尚化程度。

城市文化与集市文化，以及湿热偏远的自然地理环境决定了广府地区的服装服饰风貌（图9-2）。即使经济环境较好，广府人也没有表现出对服装服饰的过分追求，而是以简便舒适为主。从这一现象上看，服装服饰与经济状况的关联性，弱于自然条件和文化因素的影响。

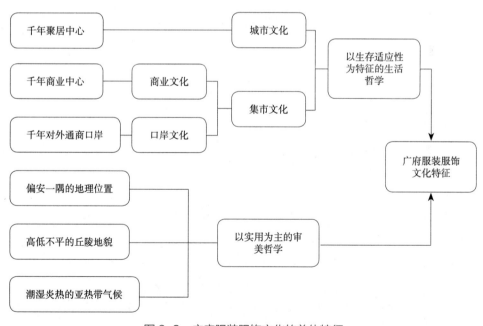

图9-2　广府服装服饰文化的总体特征

❶ 蒋建国. 广州消费文化与社会变迁（1800—1911）［M］，广州：广东人民出版社，2011：56.